Vincenzo Dell'Aere

Imprenditoria Verde strategie, opportunità e modelli di business

Titolo | Imprenditoria Verde
strategie, opportunità e modelli di business
Autore | Vincenzo Dell'Aere

Immagini ed elaborazioni grafiche by Dex&Max

Dott. Vincenzo Dell'Aere
Phone: +39 351 985 3916
e-mail: vincenzodellaere@libero.it
pec: vincenzodellaere@pec.it

a mia moglie ed ai miei figli

Prefazione

Ho scritto questo libro con l'intento di mettere a disposizione la mia lunga esperienza nel settore bancario e finanziario, offrendo una guida strategica e approfondita a coloro che desiderano avviare un'attività imprenditoriale nell'ambito della sostenibilità energetica. In queste pagine non mi limito a esaminare le tecnologie emergenti o le dinamiche del settore ma fornisco anche un'analisi dettagliata su come orientarsi con successo all'interno di un panorama normativo e finanziario complesso e in continua evoluzione.

Il comparto delle fonti energetiche pulite offre opportunità significative ma per emergere non basta una buona idea imprenditoriale, è fondamentale possedere competenze tecniche avanzate, una solida conoscenza delle innovazioni tecnologiche e una visione strategica in grado di adattarsi ai rapidi cambiamenti del settore. Le imprese che riescono a combinare questi elementi, sfruttando le potenzialità delle soluzioni energetiche sostenibili possono creare modelli di business duraturi e rispettosi dell'ambiente.

Le risorse energetiche a basso impatto ambientale rappresentano non solo una risposta alle sfide globali legate al cambiamento climatico ma anche un settore altamente competitivo e in rapido mutamento. In questo contesto, il mio obiettivo è fornire strumenti concreti e consigli pratici per superare le sfide tecnologiche, gestire il capitale e attrarre finanziamenti in un ecosistema dove le risorse sono limitate e la concorrenza è accesa. Il mio principale obiettivo è quello di ispirare e supportare gli imprenditori nella creazione di imprese che non solo siano economicamente valide ma che contribuiscano anche ad un reale sviluppo del territorio.

Il XXI secolo ha visto crescere la consapevolezza riguardo all'impatto ambientale delle attività umane evidenziando l'urgenza di una trasformazione del nostro sistema energetico. Il riscaldamento globale, la riduzione delle risorse naturali e le evidenti conseguenze del cambiamento climatico rendono imprescindibile una transizione verso un'economia sostenibile basata su fonti energetiche alternative. Questo passaggio è ormai un imperativo globale e le tecnologie pulite rappresentano una soluzione concreta, nonché un'opportunità unica per le startup che, attraverso innovazione e tecnologie all'avanguardia, possono conciliare la crescita economica dell'intero comparto.

È ormai noto a tutti che negli ultimi anni, il settore delle fonti energetiche rinnovabili ha registrato una crescita esponenziale, trainata dai progressi tecnologici e dalle politiche di incentivazione messe in atto da governi e organizzazioni internazionali. Fonti come il solare, l'eolico, l'idroelettrico, le biomasse e la geotermia sono ormai diventate i pilastri del futuro energetico sostenibile, non più alternative di nicchia ma il conseguimento di programmi centrati per il nostro sviluppo. L'ascesa di nuove imprese in questo campo non riflette solo l'aumento della domanda di energia pulita ma anche la consapevolezza che la transizione verso un'economia verde rappresenta una straordinaria opportunità di business con alte redditività.

Tuttavia, avviare e gestire una startup nel campo dell'energia sostenibile richiede molto più che solo competenze tecniche. È fondamentale comprendere il contesto normativo, le dinamiche di mercato e le complessità burocratiche che regolano il settore.

Concludendo ribadisco che le startup che aspirano a inserirsi con successo in questo ambito devono essere in grado di soddisfare le esigenze tecniche specifiche e, al contempo, gestire con competenza le complessità legislative e finanziarie.

Capitolo 1
Le energie rinnovabili e il futuro dell'umanità

L'umanità affronta una delle sfide più critiche della sua esistenza, cioè, garantire uno sviluppo sostenibile in un mondo colpito dal cambiamento climatico, dall'esaurimento delle risorse naturali e dalla crescita della popolazione mondiale. Le fonti di energia rinnovabile si profilano come la soluzione essenziale per affrontare queste problematiche offrendo un'alternativa sostenibile per eliminare i combustibili fossili. Questo capitolo esplorerà in profondità l'importanza delle tecnologie energetiche sostenibili per il futuro dell'umanità, delineando i loro vantaggi tecnici, economici e sociali.

Sappiamo purtroppo che il sistema energetico globale dipende, fortemente dal petrolio, dal carbone e dal gas naturale, è la principale causa dell'aumento delle emissioni di gas serra. Questa dipendenza ha generato un'accelerazione del riscaldamento globale con gravi conseguenze per il clima e l'ecosistema. La transizione energetica è dunque importante per raggiungere gli obiettivi stabiliti dall'Accordo di Parigi del 2015 che mira a limitare l'aumento della temperatura globale entro 1,5 gradi Celsius rispetto ai livelli preindustriali. La sostituzione dei combustibili fossili con fonti di energia pulita è senz'altro una delle misure più efficaci per ridurre le emissioni di anidride carbonica.

Tabella 1.1 - Emissioni di CO2 per fonte energetica
(fonte: IPCC, 2020)

Fonte Energetica	Emissioni di CO2 (gCO2/kWh)
Carbone	820
Gas Naturale	490
Petrolio	650
Solare Fotovoltaico	40-60
Eolico	10-20
Idroelettrico (grandi)	1-5
Biomassa	100-200 (variabile)

Come si evince dalla tabella, le fonti fossili sono nettamente più inquinanti rispetto alle fonti rinnovabili. Questo rende evidente la necessità di un cambiamento immediato verso soluzioni che possano abbattere le dannose emissioni.

Le energie rinnovabili si basano su risorse naturali che si rigenerano continuamente rendendole virtualmente inesauribili nel lungo periodo. Queste fonti si distinguono per la loro capacità di generare energia senza rilasciare quantità significative di emissioni di gas serra.

Energia solare

L'energia solare è una delle tecnologie più innovative e diffuse. Si basa sulla conversione della radiazione solare in elettricità tramite pannelli fotovoltaici o specchi parabolici nei sistemi solari a concentrazione.

I pannelli solari fotovoltaici sono costituiti da celle di silicio che sfruttano l'effetto fotoelettrico per convertire la luce solare in elettricità. I moduli solari più avanzati, come quelli al silicio monocristallino, offrono un'efficienza di conversione energetica che può superare il 22%, mentre i pannelli a film sottile hanno

efficienze leggermente inferiori ma offrono vantaggi in termini di
flessibilità e costi di produzione.

Tabella 1.2 - Efficienza dei moduli solari per tecnologia
(Fonte: IEA, 2023)

Tecnologia Solare	Efficienza (%)
Silicio monocristallino	20-22
Silicio policristallino	15-18
Film sottile (CdTe, CIGS)	10-12
Perovskite (in fase di sviluppo)	25-30

Energia eolica

L'energia eolica sfrutta la forza del vento per far girare le pale
delle turbine e generare elettricità. Le moderne turbine eoliche
onshore possono raggiungere capacità superiori ai 3 MW mentre le
turbine offshore superano i 12 MW.

Le turbine eoliche moderne sono dotate di sistemi di controllo
avanzati che ottimizzano la produzione di energia in funzione delle
variazioni del vento. Le tecnologie più recenti, come le turbine con
pale regolabili, consentono un maggiore rendimento in contesti
ventosi moderati e una migliore resistenza ai carichi meccanici.

Tabella 1.3 - Capacità media di produzione delle turbine eoliche (MW)
(Fonte: Global Wind Energy Council (GWEC), 2023)

Tipo di Turbina	Capacità Media (MW)
Onshore	2-3
Offshore	8-12
Turbine innovative (offshore floating)	>12

Energia idroelettrica

L'energia idroelettrica è una delle fonti rinnovabili più antiche e ancora oggi una delle più efficienti in termini di rapporto tra energia prodotta e risorse utilizzate.

Gli impianti idroelettrici di grandi dimensioni che sfruttano la caduta dell'acqua da dighe, sono molto diffusi in aree montane e lungo grandi fiumi.

Sono classificati in base alla loro potenza installata. Gli impianti su larga scala (>10 MW) forniscono una produzione stabile e continua, mentre le microcentrali idroelettriche (<1 MW) sono ideali per le comunità isolate e hanno un impatto ambientale minore.

Tabella 1.4 - Tipologie di impianti idroelettrici
(Fonte: International Hydropower Association (IHA), 2023)

Tipo di Impianto	Potenza Installata (MW)
Grandi impianti	>10
Impianti medi	1-10
Microcentrali	<1

Biomassa

L'energia prodotta dalla biomassa si ottiene dalla combustione di materiali organici, come legna, scarti agricoli o rifiuti organici. È considerata una fonte rinnovabile se la velocità di rigenerazione della biomassa è superiore alla velocità con cui viene consumata.

I processi di conversione della biomassa includono la pirolisi che scompone la materia organica a temperature elevate in assenza di ossigeno, producendo biogas e bio-olio.

La gassificazione è un'altra tecnologia avanzata che converte la biomassa in gas sintetico (syngas), che può essere utilizzato per generare elettricità o combustibili liquidi.

Energia geotermica

L'energia geotermica sfrutta il calore immagazzinato nel sottosuolo per produrre elettricità o riscaldamento. Gli impianti geotermici possono essere installati in aree caratterizzate da attività vulcanica o geotermica naturale.

Gli impianti geotermici si dividono in impianti:
- a vapore secco (che sfruttano direttamente il vapore del sottosuolo);
- a vapore binario (che usano un fluido secondario per la generazione di energia);
- flash steam (che utilizzano una miscela di vapore e acqua ad alta pressione).

Tabella 1.5 - Tipologie di impianti geotermici
(Fonte: Geothermal Energy Association (GEA), 2023)

Tipo di Impianto	Temperatura del Fluido (°C)	Efficienza (%)
Vapore secco	>180	10-15

Tipo di Impianto	Temperatura del Fluido (°C)	Efficienza (%)
Flash Steam	150-180	8-12
Ciclo binario	100-150	5-10

Negli ultimi anni, il settore delle energie rinnovabili ha beneficiato di un'enorme accelerazione grazie a innovazioni tecnologiche che hanno migliorato l'efficienza, ridotto i costi e ampliato le possibilità di impiego. Gli sviluppi più promettenti riguardano:

1. sistemi di accumulo energetico: le batterie agli ioni di litio hanno visto un calo significativo dei costi, rendendo possibile l'accumulo su larga scala dell'energia prodotta da fonti intermittenti come il solare e l'eolico. Tecnologie emergenti come le batterie a flusso e i super condensatori promettono di rivoluzionare ulteriormente questo settore;
2. reti intelligenti (smart grids): le reti intelligenti che utilizzano sensori e sistemi di automazione avanzati, consentono una gestione più efficiente della domanda e dell'offerta energetica migliorando l'integrazione delle fonti rinnovabili nella rete;
3. idrogeno verde: l'idrogeno prodotto mediante elettrolisi dell'acqua alimentata da fonti rinnovabili rappresenta una soluzione potenziale per decarbonizzare settori industriali difficili da elettrificare come l'acciaio e il cemento.

Tabella 1.6 - Prospettive future per le energie rinnovabili
(Fonte: IRENA, 2023)

Tecnologia	Efficienza attuale (%)	Efficienza prevista entro il 2030 (%)	Riduzione dei costi prevista (%)
Fotovoltaico	20-22	30-35	-50%
Eolico	40-45	50-55	-35%
Accumulo a batterie	85-90	95-98	-60%
Idrogeno verde	-	-	-70%

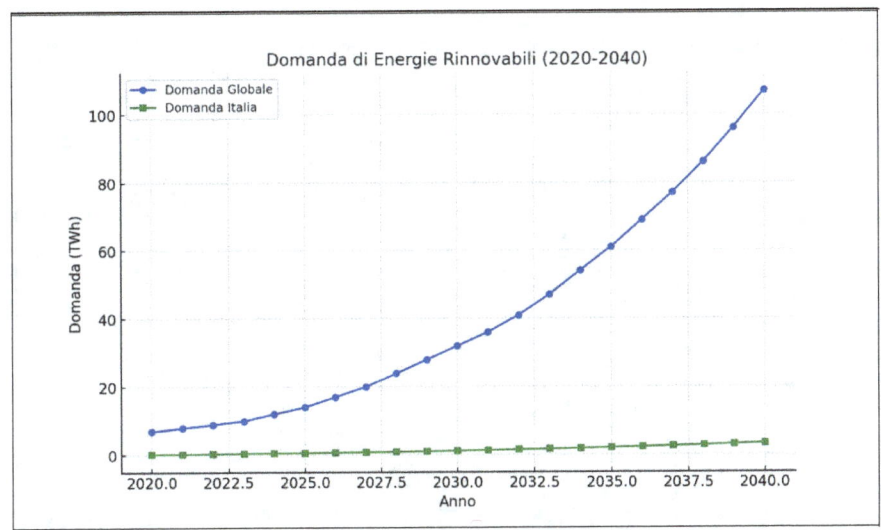

Ecco il grafico che mostra la crescita prevista della domanda di energie rinnovabili dal 2020 al 2040 sia a livello globale che in Italia. La curva della domanda globale cresce rapidamente, riflettendo un'accelerazione della transizione energetica in tutto il mondo. Anche l'Italia segue una traiettoria di crescita costante, sebbene su scala più ridotta, con una domanda che si intensifica progressivamente negli anni.

Di seguito invece il grafico che mostra la crescita prevista della domanda di energie rinnovabili dal 2020 al 2040 nel Mezzogiorno d'Italia ed in Puglia. Anche in questo caso la curva della domanda nel Mezzogiorno d'Italia cresce rapidamente mentre in Puglia segue una traiettoria di crescita più ridotta ma costante che si intensifica via via nel corso degli anni.

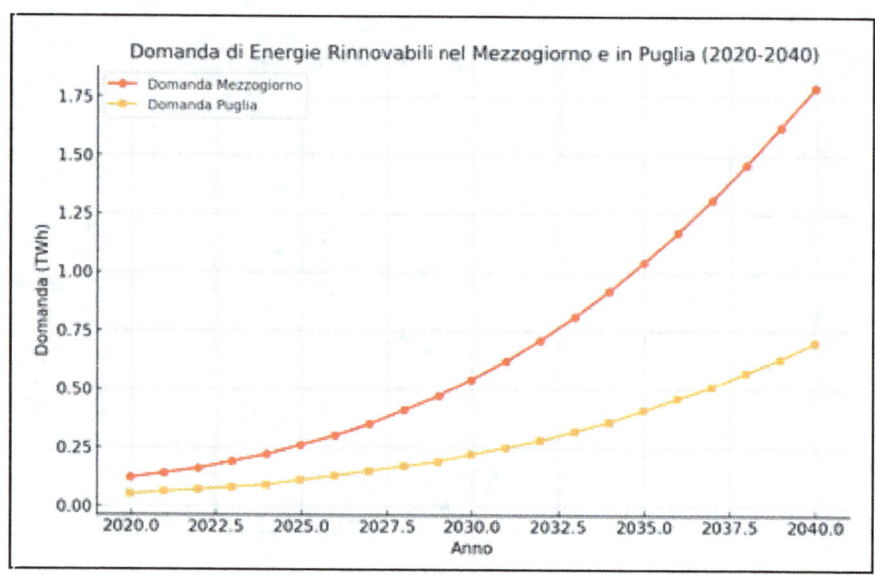

In ogni caso per garantire una transizione energetica efficace è fondamentale che i governi e le istituzioni finanziare continuino a supportare lo sviluppo e la diffusione delle tecnologie rinnovabili. Le politiche di incentivazione, come i certificati verdi, i feed-in tariff e i contratti per differenza, hanno giocato un ruolo chiave nel ridurre il costo del capitale per i progetti di energia pulita.

Capitolo 2
I benefici economici degli impianti di energia rinnovabile in Italia

L'Italia è da tempo in prima linea nella transizione energetica verso fonti rinnovabili, sia per ragioni ambientali che economiche. Negli ultimi decenni, il nostro Paese ha fatto passi significativi nell'adozione di energia solare, eolica, idroelettrica e geotermica, con l'obiettivo di ridurre la dipendenza dai combustibili fossili, limitare le emissioni di gas serra e assicurare una maggiore sicurezza energetica. Tuttavia, oltre agli ovvi benefici ambientali, una delle domande più cruciali che emerge è se l'Italia abbia già tratto benefici economici tangibili da questa transizione. E, se sì, quali sono questi benefici e in quale misura stanno impattando l'economia e la società italiana?

In questo capitolo intendo esplorarne i benefici economici fino ad oggi, analizzando diversi aspetti: dal risparmio energetico all'occupazione, dagli investimenti alla riduzione della dipendenza energetica dall'estero. Voglio offrire una riflessione non solo da un punto di vista tecnico ma anche da una prospettiva personale, basata sulla mia esperienza e cognizione tecnica del settore energetico.

Crescita del settore e investimenti

Uno dei principali vantaggi economici che l'Italia ha sperimentato con la crescita delle energie rinnovabili riguarda il notevole aumento degli investimenti nel settore. La crescita della domanda è stata accompagnata da incentivi governativi significativi, come il "Conto Energia" per il fotovoltaico e i vari sistemi di incentivazione per l'energia eolica, idroelettrica e geotermica. Questi programmi hanno stimolato una crescita iniziale, attirando investitori privati e aziende multinazionali, ma soprattutto promuovendo lo sviluppo di un intero ecosistema industriale legato alle energie pulite.

Dal mio punto di vista, la capacità del settore delle rinnovabili di attrarre investimenti ha avuto un effetto a catena sull'intera economia. Nuovi capitali, provenienti da fondi privati e pubblici, hanno favorito lo sviluppo di infrastrutture energetiche moderne creando posti di lavoro e stimolando l'innovazione tecnologica. Ad esempio, il boom degli impianti fotovoltaici ha portato allo sviluppo di filiere produttive locali per i pannelli solari, i sistemi di accumulo e i componenti elettronici necessari per l'integrazione nella rete elettrica. Questo ha generato benefici economici diretti e indiretti contribuendo alla crescita di interi settori manifatturieri e di servizi.

Gli investimenti non si sono limitati alla costruzione di nuovi impianti, si è assistito anche a un fiorire di aziende specializzate nella manutenzione degli impianti esistenti, nella ricerca e sviluppo di nuove tecnologie più efficienti e nella consulenza tecnica per la progettazione e l'implementazione di sistemi energetici integrati. A tal proposito è impossibile ignorare il ruolo svolto dalle piccole e medie imprese italiane che hanno saputo inserirsi con successo in questo mercato dimostrando una capacità di adattamento e innovazione davvero notevole.

Creazione di occupazione

Un aspetto economico cruciale è la creazione di nuovi posti di lavoro legati alle energie rinnovabili. Questo settore, oltre a richiedere competenze tecniche e ingegneristiche specialistiche, genera opportunità anche in ambiti tradizionalmente distanti dal mondo dell'energia. La necessità di installare, gestire e mantenere gli impianti ha infatti favorito l'emergere di nuove professionalità, come tecnici del fotovoltaico, installatori di impianti eolici ed esperti in efficienza energetica.

Secondo un'analisi di Fondazione Symbola e Unioncamere, il settore delle rinnovabili ha creato oltre 80.000 posti di lavoro diretti in Italia negli ultimi anni, senza considerare l'indotto. Questi dati evidenziano il suo potenziale come strumento efficace contro la disoccupazione, specialmente in quelle aree del Paese dove l'industria tradizionale ha subito un forte declino negli ultimi decenni.

Quanto precede rappresenta una dimostrazione concreta di come la transizione energetica non riguardi solo la sostenibilità ambientale ma anche quella economica e sociale. Le energie rinnovabili offrono un'opportunità reale di riconversione produttiva per le regioni che, in passato, hanno fatto affidamento su industrie ad alto impatto ambientale. Inoltre, la creazione di occupazione in questo settore contribuisce a ridurre l'emigrazione giovanile, offrendo ai giovani italiani la possibilità di inserirsi in un mercato del lavoro innovativo e in crescita, direttamente nel nostro Paese.

Riduzione della dipendenza energetica

Uno dei principali benefici economici che emerge dall'adozione di impianti di questa tipologia è la riduzione della dipendenza energetica dall'estero. L'Italia, come molti Paesi europei, è storicamente dipendente dalle importazioni di combustibili fossili, soprattutto gas e petrolio. Questa dipendenza ha un costo elevato per la nostra bilancia commerciale e ci espone a fluttuazioni dei prezzi internazionali con ripercussioni dirette sui costi dell'energia per le famiglie e le imprese.

L'introduzione su larga scala di impianti di energia rinnovabile ha già iniziato a mitigare questo problema. Nel 2021, il 37% del fabbisogno elettrico italiano è stato coperto da fonti rinnovabili, un dato in crescita rispetto al passato. Questo significa che una parte sempre maggiore dell'energia consumata in Italia viene prodotta internamente, riducendo la necessità di importare combustibili fossili. La diminuzione delle importazioni si traduce in un risparmio economico significativo e in una maggiore stabilità dei prezzi dell'energia.

Personalmente, ritengo che questo rappresenti uno degli aspetti più rilevanti della transizione energetica. Ridurre la dipendenza energetica non solo ci rende meno vulnerabili alle crisi geopolitiche internazionali, come quelle che si sono verificate recentemente in Europa, ma consente anche di mantenere un maggiore diretto controllo sui costi dell'energia.

Risparmi per i consumatori

Un altro beneficio economico diretto riguarda i risparmi per i consumatori, sia a livello residenziale che industriale. Con l'aumento della produzione di energia rinnovabile si è osservata una diminuzione dei costi marginali di produzione dell'energia elettrica. Questo ha contribuito a calmierarne i prezzi sui mercati all'ingrosso, con benefici a cascata per i consumatori finali.

In particolare, la diffusione di impianti fotovoltaici domestici ha permesso a molte famiglie italiane di diventare autosufficienti dal punto di vista energetico o di ridurre significativamente la loro dipendenza dalla rete elettrica. Il cosiddetto "autoconsumo" rappresenta un'opportunità non solo per risparmiare sulla bolletta ma anche per rivendere l'energia in eccesso al gestore della rete, generando un piccolo guadagno.

Da un punto di vista tecnico l'integrazione di sistemi di accumulo energetico ha ulteriormente potenziato questi benefici consentendo di immagazzinare l'energia prodotta in eccesso durante le ore di sole o vento per poi utilizzarla quando la produzione è inferiore alla domanda. Questa tecnologia ha contribuito a rendere il sistema energetico più resiliente e a garantire un maggiore livello di indipendenza energetica per i consumatori.

Innovazione tecnologica e competitività industriale

Il passaggio alle energie rinnovabili ha anche stimolato una significativa innovazione tecnologica nel Paese. L'Italia è diventata un polo di ricerca e sviluppo nel campo delle tecnologie legate alle energie pulite. Università, istituti di ricerca e aziende private collaborano attivamente per sviluppare soluzioni sempre più efficienti e competitive a livello internazionale.

Un esempio è rappresentato dallo sviluppo di nuovi materiali per pannelli solari più efficienti e meno costosi o dall'implementazione di soluzioni avanzate per il monitoraggio e la gestione delle reti elettriche intelligenti "smart grid" che permettono una migliore integrazione delle energie rinnovabili nel sistema energetico nazionale. Anche l'innovazione nel settore dell'accumulo energetico, con batterie sempre più performanti e sostenibili, sta contribuendo a migliorare l'efficienza complessiva del sistema energetico.

Da un punto di vista industriale l'Italia ha saputo capitalizzare questa spinta verso l'innovazione, posizionandosi come uno dei Paesi leader nella produzione di tecnologie per le energie rinnovabili. Questo ha permesso di esportare il know-how italiano all'estero aumentando la competitività delle nostre imprese sui mercati internazionali e generando ulteriori benefici economici. Anche le collaborazioni tra settore pubblico e privato hanno giocato un ruolo fondamentale contribuendo alla crescita di un ecosistema industriale e di ricerca capace di competere con i giganti internazionali del settore.

Personalmente sono profondamente convinto che la spinta verso l'innovazione tecnologica rappresenti uno dei più grandi benefici a lungo termine derivanti dalla transizione energetica. La capacità di sviluppare nuove soluzioni non solo ci consente di migliorare la sostenibilità del sistema energetico ma apre anche nuove opportunità di crescita economica per l'Italia, rendendola un punto di riferimento nel panorama delle energie rinnovabili a livello globale.

Riduzione dei costi ambientali ed esternalità negative
Un altro aspetto spesso trascurato, ma che riveste un'importanza fondamentale dal punto di vista economico è la riduzione delle esternalità negative legate alla produzione di energia da fonti fossili. Le energie rinnovabili, come ben sappiamo, non producono emissioni di gas serra o inquinanti atmosferici durante il loro funzionamento, il che comporta un impatto positivo diretto sulla salute pubblica e sull'ambiente.

La riduzione dell'inquinamento atmosferico si traduce in un risparmio per il sistema sanitario nazionale in quanto si riduce l'incidenza di malattie respiratorie e cardiovascolari legate all'esposizione a polveri sottili e altri inquinanti. Inoltre, limitare le emissioni di CO_2 contribuisce a mitigare gli effetti del cambiamento climatico riducendo i costi associati a eventi climatici estremi come alluvioni, siccità e ondate di calore.

Se consideriamo il costo economico complessivo del cambiamento climatico e dell'inquinamento, il risparmio derivante dall'adozione delle energie rinnovabili diventa ancora più evidente. Anche se questi benefici economici non sono immediatamente percepibili rappresentano comunque un risparmio a lungo termine per la collettività. La possibilità di evitare i danni economici derivanti dal degrado ambientale e dalla crisi climatica non può essere sottovalutata.

Capitolo 3
Le energie rinnovabili: tecnologie, applicazioni e potenziale futuro

Come abbiamo visto le energie rinnovabili derivano dall'utilizzo e dallo sfruttamento di risorse naturali inesauribili come il sole, il vento, l'acqua e il calore terrestre. Queste fonti, per loro natura, si rigenerano continuamente e non si esauriscono, rendendole una soluzione sostenibile per la produzione di energia. Vediamo di seguito nel dettaglio le loro potenziali utilizzazioni.

Energia solare: fotovoltaica e termodinamica

L'energia solare è una delle fonti più abbondanti e diffuse di energia rinnovabile. Ogni ora, la Terra riceve dal sole una quantità di energia sufficiente a soddisfare i bisogni energetici globali per un anno intero. Tuttavia, la capacità di catturare, immagazzinare e utilizzare questa energia richiede l'uso di tecnologie avanzate. Le principali tecnologie solari includono l'energia solare fotovoltaica (PV) e l'energia solare termodinamica (CSP, Concentrated Solar Power).

La differenza principale tra energia solare fotovoltaica e energia solare termodinamica risiede nel modo in cui convertono l'energia del sole in elettricità:

l'energia solare fotovoltaica (PV) sfrutta celle fotovoltaiche, generalmente in silicio, che trasformano direttamente la luce solare in elettricità attraverso l'effetto fotovoltaico. Quando la luce solare colpisce le celle, libera elettroni all'interno del materiale, generando corrente elettrica. I pannelli fotovoltaici possono essere installati sui tetti, su edifici o in grandi campi solari. Funzionano bene anche in aree con condizioni meteorologiche variabili, poiché producono elettricità anche con luce diffusa (nuvole). Le peculiari caratteristiche si possono riassumere nel dire che possono essere utilizzati per piccole applicazioni, come abitazioni, fino a grandi impianti industriali. Negli ultimi anni, il costo dei pannelli fotovoltaici è diminuito significativamente. Ovviamente dipende dall'intensità della luce solare, ma in generale l'efficienza dei pannelli fotovoltaici è attualmente inferiore rispetto a quella degli impianti CSP. Ecco i principali vantaggi che si riscontrano: facile da installare e che può essere utilizzato su superfici di piccole dimensioni, come tetti e non necessita di fluidi o sistemi complessi di trasformazione del calore. Gli svantaggi evidenti sono che non funziona di notte e che quindi la produzione di energia diminuisce in presenza di ombra o nuvolosità.

I sistemi fotovoltaici convertono direttamente la luce solare in elettricità mediante l'effetto fotovoltaico. Il cuore di questa tecnologia è costituito dalle celle solari, tipicamente realizzate in silicio cristallino, che generano elettricità quando i fotoni solari colpiscono il materiale semiconduttore, causando il movimento di elettroni e creando una corrente elettrica continua. Questo processo può essere riassunto come segue:

1. effetto fotovoltaico: i fotoni della luce solare liberano elettroni dalle bande valenza degli atomi nel semiconduttore, generando una coppia elettrone-lacuna. Gli elettroni liberi vengono quindi raccolti da contatti metallici posti sulla superficie della cella solare;
2. materiali utilizzati: oltre al silicio cristallino, altre tecnologie includono il silicio amorfo, i film sottili basati su tellururo di cadmio (CdTe) e rame-indio-gallio-selenio (CIGS). I film sottili offrono il vantaggio di una riduzione dei costi, sebbene la loro efficienza sia generalmente inferiore rispetto al silicio cristallino;
3. efficienza: le celle solari convenzionali in silicio cristallino raggiungono un'efficienza tipica del 15-22% ma nuovi sviluppi nelle celle solari a perovskite e nei sistemi a multi-giunzione hanno portato efficienze superiori al 40% in condizioni di laboratorio. L'integrazione delle tecnologie a doppia giunzione (con differenti materiali semiconduttori che assorbono diverse lunghezze d'onda della luce) promette ulteriori miglioramenti.

Nota

Le celle solari a perovskite sono un tipo di dispositivo fotovoltaico che utilizza materiali con una struttura cristallina simile alla perovskite, un minerale naturale. Questi materiali hanno la capacità di assorbire la luce solare e convertirla in energia elettrica in modo molto efficiente. La perovskite impiegata in queste celle solari è solitamente costituita da composti chimici sintetici, spesso a base di piombo e ioduro che imitano la struttura del minerale originale. Il grande interesse per le celle solari a perovskite deriva dal fatto che, rispetto alle celle solari tradizionali al silicio, possono essere prodotte in modo più economico con materiali più abbondanti e a temperature più basse. Alcuni loro principali vantaggi includono:

- l'alta efficienza che è aumentata rapidamente, raggiungendo livelli comparabili a quelli delle celle al silicio;
- la flessibilità in quanto possono essere applicate su superfici flessibili aprendo la strada a nuove applicazioni, come finestre fotovoltaiche o dispositivi indossabili;
- i costi di produzione ridotti perché i processi produttivi possono essere meno costosi rispetto alle celle al silicio, rendendole potenzialmente più accessibili. Tuttavia, ci sono anche delle difficoltà da superare come la stabilità a lungo termine e la degradazione in condizioni di umidità o esposizione prolungata ai raggi UV che sono attualmente oggetto di intensa ricerca per renderle competitive e durature su larga scala.

L'energia solare termodinamica spesso chiamata anche energia solare a concentrazione o CSP (Concentrated Solar Power), è una tecnologia che utilizza l'energia del sole per produrre calore, il quale viene poi trasformato in elettricità. Il principio di base è quello di concentrare la luce solare attraverso l'uso di specchi o lenti su un'area ristretta, generando temperature elevate che alimentano un sistema termico.

Il calore raccolto viene utilizzato per riscaldare un fluido (ad esempio, olio o sali fusi), che raggiunge temperature elevate, generalmente tra i 300 e i 1000 gradi Celsius. Questo fluido caldo è usato per generare vapore che a sua volta alimenta una turbina collegata a un generatore elettrico, proprio come avviene nelle centrali termoelettriche convenzionali. Gli impianti di energia solare termodinamica utilizzano dispositivi come specchi parabolici, eliostati o dischi concentranti per focalizzare la luce solare su un punto preciso creando un calore molto intenso. Un vantaggio chiave dell'energia solare termodinamica è la possibilità di immagazzinare il calore prodotto durante le ore di sole. Utilizzando materiali come i sali fusi è possibile accumulare energia termica e continuare a produrre elettricità anche di notte o durante periodi nuvolosi.

Tipologie di impianti di energia solare termodinamica:
- specchi parabolici: specchi a forma di parabola concentrano la luce su un tubo ricevitore riscaldando un fluido termovettore;
- torri solari: un campo di eliostati (specchi mobili) riflette la luce solare verso un ricevitore posto in cima a una torre. Questo riscalda un fluido che genera vapore per la produzione di elettricità;
- sistemi a disco parabolico: gli specchi concentrano la luce su un piccolo motore termico posto nel fuoco della parabola.

Vantaggi:
- accumulazione dell'energia: permette di immagazzinare calore, garantendo la produzione di elettricità anche quando il sole non è disponibile superando così uno dei limiti principali delle tecnologie solari fotovoltaiche;
- elevata efficienza: la concentrazione della luce solare genera temperature molto alte migliorando l'efficienza della produzione di energia;
- riduzione delle emissioni di CO_2: come tutte le tecnologie basate sull'energia solare, l'energia solare termodinamica contribuisce alla riduzione delle emissioni di gas serra.

Svantaggi:
- costi di investimento elevati: la costruzione degli impianti CSP è relativamente costosa rispetto ad altre tecnologie rinnovabili come il fotovoltaico o l'eolico;
- richiede ampie superfici: questi impianti necessitano di vasti spazi per il posizionamento degli specchi e dei concentratori;

- dipendenza dalla radiazione solare diretta: sono efficaci principalmente in regioni molto soleggiate come deserti o aree con poche nuvole.

In sintesi, uno degli aspetti innovativi delle centrali CSP è la possibilità di integrare sistemi di accumulo termico utilizzando sali fusi o materiali a cambiamento di fase PCM (Phase Change Material) per immagazzinare il calore e generare elettricità anche in assenza di sole, migliorando l'affidabilità e la continuità dell'erogazione energetica.

Differenze tra energia solare fotovoltaica e termodinamica

Caratteristica	Energia Solare Fotovoltaica (PV)	Energia Solare Termodinamica (CSP)
Principio di funzionamento	Converte direttamente la luce solare in elettricità tramite l'effetto fotovoltaico	Concentra la luce solare per generare calore, che viene convertito in elettricità
Tipologia di impianti	Pannelli fotovoltaici su tetti o campi solari	Specchi parabolici, torri solari o dischi concentranti
Generazione diretta di elettricità	Sì	No, il calore è trasformato in elettricità
Accumulazione di energia	No	Sì, tramite immagazzinamento del calore (es. sali fusi)
Funzionamento notturno	No	Sì, grazie all'accumulo di calore
Efficienza	Minore, dipendente dall'irraggiamento solare diretto e diffuso	Maggiore, soprattutto in zone con molto sole diretto
Costo di installazione	Generalmente più basso	Più elevato a causa della complessità dell'impianto
Flessibilità di installazione	Adatto a superfici di piccole o grandi dimensioni (es. tetti)	Richiede ampie superfici in zone molto soleggiate
Manutenzione	Bassa	Più complessa, richiede manutenzione per il sistema di conversione termica
Applicazioni ideali	Installazioni residenziali e impianti su piccola scala	Grandi impianti in regioni con abbondante luce solare

Energia eolica: tecnologie onshore e offshore

L'energia eolica rappresenta una delle fonti rinnovabili più mature e consolidate. La conversione dell'energia cinetica del vento in energia elettrica avviene mediante aerogeneratori che sono oggi comunemente distribuiti in parchi eolici su scala industriale sia su terra (onshore) che in mare (offshore).

Tecnologia degli aerogeneratori

Gli aerogeneratori moderni sono sistemi altamente complessi progettati per massimizzare l'efficienza della conversione dell'energia cinetica del vento in energia elettrica. I componenti principali includono:

- rotore: composto da pale che possono raggiungere lunghezze di oltre 100 metri nei modelli più recenti, il rotore converte l'energia cinetica del vento in movimento rotatorio. Il profilo aerodinamico delle pale è ottimizzato per massimizzare la portanza e ridurre la resistenza;
- generatore: collegato al rotore attraverso un moltiplicatore di giri (gearbox), il generatore converte l'energia meccanica in energia elettrica. Nei generatori diretti, l'assenza del moltiplicatore consente una riduzione delle perdite meccaniche e una maggiore affidabilità;
- torre e fondazione: le torri degli aerogeneratori possono raggiungere altezze considerevoli (fino a 150 metri) per catturare i venti più forti e stabili a maggiore quota. Le fondazioni devono essere progettate per resistere alle forze di taglio e ai momenti flettenti derivanti dal vento;
- sistemi di controllo: la regolazione della velocità del rotore e l'angolo di incidenza delle pale (pitch control) sono controllati elettronicamente per ottimizzare l'efficienza del generatore in base alle condizioni del vento. I moderni aerogeneratori sono dotati di sofisticati sensori e software per massimizzare la produzione e minimizzare lo stress meccanico.

Eolico Onshore

L'energia eolica onshore è la forma più comune di sfruttamento dell'energia eolica. I parchi eolici su terra offrono vantaggi in termini di costi di installazione più bassi rispetto agli impianti offshore, oltre a una più facile manutenzione e accessibilità. Tuttavia, la disponibilità di siti adatti, i vincoli paesaggistici e l'impatto sul territorio sono ostacoli rilevanti per l'espansione su larga scala.

Eolico Offshore

Negli ultimi anni l'eolico offshore ha visto una crescita notevole grazie alla possibilità di sfruttare venti più forti e costanti che soffiano in mare aperto. Le turbine offshore sono tipicamente più grandi e potenti rispetto a quelle onshore con capacità di generazione che possono superare i 15 MW per unità. Tuttavia, l'installazione offshore presenta delle criticità tecniche significative, inclusi i costi di costruzione delle fondazioni marine, la resistenza alle condizioni ambientali estreme e la trasmissione dell'energia sulla terraferma. Le nuove tecnologie di turbine galleggianti permettono l'installazione in acque più profonde aprendo nuovi orizzonti per l'espansione dell'eolico offshore.

29

Energia Idroelettrica: dighe, impianti a flusso e sistemi di accumulo a pompaggio

L'energia idroelettrica è una delle fonti di energia rinnovabile più consolidate a livello globale. Sfruttando il movimento dell'acqua, in particolare il dislivello creato dalle dighe, questa forma di energia è una fonte considerevole della produzione mondiale di elettricità. Con l'aumento della domanda energetica e la necessità di ridurre le emissioni di gas serra, l'energia idroelettrica si posiziona come una soluzione efficace per contribuire a un futuro sostenibile.

Le prime applicazioni dell'energia idroelettrica risalgono a millenni fa, quando le ruote idrauliche venivano utilizzate per macinare cereali. Con l'industrializzazione del XIX secolo, l'energia idroelettrica ha iniziato a essere utilizzata su larga scala per la generazione di elettricità con la costruzione di centrali idroelettriche e dighe.

L'energia idroelettrica si basa su due principi fondamentali: il potenziale gravitazionale dell'acqua e la conversione dell'energia cinetica in energia elettrica. In sostanza l'acqua accumulata in un bacino, grazie a una diga, crea una differenza di pressione che consente all'acqua di fluire verso il basso facendo girare turbine collegate a generatori elettrici. La capacità di generazione è influenzata dalla quantità d'acqua disponibile e dalla caduta verticale (dislivello).

Dighe

Le dighe sono strutture fondamentali per la produzione di energia idroelettrica. Esse fungono da ostacoli che accumulano l'acqua creando un bacino. Esistono diverse tipologie di dighe, ognuna progettata in base alle caratteristiche geologiche e idrauliche del sito:

- dighe in calcestruzzo: queste dighe costruite in calcestruzzo, sono comuni grazie alla loro robustezza e capacità di resistere a forti pressioni. Possono essere progettate come dighe a gravità o dighe ad arco a seconda della geometria e della pressione dell'acqua;

- dighe in terra: queste strutture sono realizzate con terra e rocce. Sono meno costose rispetto alle dighe in calcestruzzo e possono essere costruite in zone con materiali facilmente disponibili. Tuttavia, richiedono una manutenzione costante per prevenire l'erosione;
- dighe a gravità: progettate per resistere alla forza dell'acqua grazie al loro peso, queste dighe sono solide e stabili, ideali per grandi bacini;
- dighe ad arco: curvate verso l'alto, queste dighe sono progettate per trasferire il carico dell'acqua sulle pareti laterali della valle. Sono più efficienti in termini di materiali utilizzati ma richiedono una geologia specifica.

Impianti a flusso

Gli impianti a flusso, o a corso d'acqua, sfruttano il movimento naturale di un fiume o di un torrente senza la necessità di costruire una diga. Questi impianti possono essere classificati in base al loro funzionamento:

1. impianti a flusso continuo: questi sistemi sono progettati per generare elettricità costantemente. Utilizzano turbine a basso dislivello, che possono funzionare anche con flussi d'acqua relativamente bassi. Sono ideali per fiumi che presentano flussi regolari;
2. impianti a flusso variabile: progettati per adattarsi a variazioni stagionali del flusso d'acqua, questi impianti utilizzano turbine che possono ottimizzare la produzione di energia anche in condizioni di flusso ridotto.

Sistemi di accumulo a pompaggio

I sistemi di accumulo a pompaggio rappresentano una soluzione innovativa per gestire la domanda energetica. Questi impianti funzionano come enormi batterie consentendo di immagazzinare energia in eccesso durante i periodi di bassa domanda e di rilasciarla quando la domanda aumenta. Vediamo qual è il loro funzionamento. Durante i periodi di bassa domanda, l'energia in eccesso viene utilizzata per pompare acqua da un bacino inferiore a uno superiore. Quando la domanda di energia aumenta, l'acqua viene rilasciata dal bacino superiore, passando attraverso turbine che generano elettricità. Questi sistemi offrono una serie di vantaggi, tra cui la possibilità di bilanciare la rete elettrica e fornire energia nei momenti di picco. Inoltre, migliorano la stabilità della rete e consentono l'integrazione di fonti rinnovabili variabili come il solare e l'eolico. Gli impianti di accumulo a pompaggio sono particolarmente utili in regioni con una grande variabilità nella produzione di energia rinnovabile poiché possono fungere da riserva di energia.

Vantaggi dell'energia idroelettrica

- essendo una fonte di energia rinnovabile, l'energia idroelettrica contribuisce a ridurre le emissioni di gas serra e a mitigare il cambiamento climatico;
- possono fornire una fonte di energia costante e affidabile, particolarmente in confronto a fonti rinnovabili intermittenti;
- la costruzione e la gestione di impianti idroelettrici possono generare posti di lavoro e stimolare l'economia locale;
- i bacini idrici creati dalle dighe possono fornire habitat per la fauna acquatica e opportunità ricreative come la navigazione e la pesca;
- gli impianti idroelettrici possono essere adattati per soddisfare le esigenze di domanda variabile specialmente quando abbinati a sistemi di accumulo a pompaggio.

Svantaggi dell'energia idroelettrica

- la costruzione di dighe e bacini può alterare gli ecosistemi locali influenzando le specie ittiche e causando la perdita di habitat naturale;
- la creazione di bacini può comportare la dislocazione di popolazioni locali e la perdita di terre agricole;
- le dighe possono presentare rischi significativi in caso di rottura con potenziali inondazioni catastrofiche a valle;
- la produzione di energia idroelettrica è soggetta a variazioni stagionali e climatiche, influenzata dalle precipitazioni e dai cicli di scioglimento della neve.

Innovazioni e futuro dell'energia idroelettrica

Con l'avanzamento delle tecnologie e l'aumento della consapevolezza ambientale, l'energia idroelettrica sta subendo una trasformazione. Le innovazioni includono turbine più efficienti, sistemi di monitoraggio avanzati e tecniche per ridurre l'impatto ambientale. Infatti, le nuove turbine progettate per operare con flussi d'acqua più bassi possono essere installate in fiumi minori, aumentando il potenziale di sfruttamento dell'energia idroelettrica. Inoltre, le tecnologie progettate per consentire il passaggio sicuro dei pesci attraverso gli impianti idroelettrici stanno diventando sempre più comuni, contribuendo a preservare la biodiversità acquatica. Ultimamente si stanno utilizzando sensori e tecnologie di monitoraggio avanzate che consentono una gestione più efficiente delle risorse idriche e una maggiore sicurezza operativa. Altro ulteriore vantaggio è rappresentato dall'integrazione degli impianti idroelettrici con altre fonti di energia rinnovabile, come il solare e l'eolico, per creare una rete energetica più resiliente e sostenibile.

.

Alcuni importanti progetti di energia idroelettrica nel mondo, con casi studio che evidenziano le loro caratteristiche, impatti e innovazioni.

Diga delle "Tre Gole" in Cina

La Diga delle Tre Gole, situata sul fiume Yangtze, è la più grande centrale idroelettrica del mondo. La costruzione è iniziata nel 1994 e completata nel 2012, con una capacità installata di 22.500 MW.

È lunga circa 2.335 metri e alta 185 metri. Il bacino idrico creato, chiamato appunto "Lago delle Tre Gole", si estende per circa 600 chilometri.

Oltre all'energia prodotta, la diga ha migliorato la protezione contro le inondazioni che storicamente hanno afflitto le aree lungo il fiume Yangtse.

Tuttavia, il progetto ha sollevato critiche per l'impatto ambientale e sociale poiché la costruzione ha comportato lo spostamento di oltre un milione di persone e ha modificato profondamente l'ecosistema locale.

Centrale idroelettrica di Itaipù (Brasile-Paraguay)

La Centrale idroelettrica di Itaipù è una delle più grandi centrali idroelettriche al mondo. Si trova sul fiume Paraná, il secondo fiume più lungo del Sud America, tra il Brasile e il Paraguay, vicino alle città di Foz do Iguaçu (Brasile) e Ciudad del Este (Paraguay). È anche situata a breve distanza dalle famose Cascate di Iguazú.

La costruzione è iniziata nel 1975 e si è completata nel 1984, con l'inizio della produzione di energia. Le prime turbine sono entrate in funzione nel 1984, e l'intero impianto è stato completato nel 2007, quando sono state aggiunte le ultime turbine. È stata una delle più grandi imprese ingegneristiche del XX secolo, coinvolgendo decine di migliaia di lavoratori e utilizzando una quantità di materiali enormi, compresa la deviazione temporanea del fiume Paraná durante la costruzione.

È lunga circa 7.919 metri ed ha un'altezza massima di 196 metri. La costruzione ha richiesto circa 12,3 milioni di metri cubi di cemento. Il bacino creato dalla diga, il Lago di Itaipù, copre un'area di circa 1.350 km², con una lunghezza di circa 170 km. La centrale ha una capacità installata di 14.000 MW (megawatt) grazie alle sue 20 turbine da 700 MW ciascuna.

È stata per molti anni la centrale idroelettrica con la più alta capacità di produzione annuale di energia elettrica al mondo, superata solo di recente dalla Diga delle Tre Gole in Cina. Nel 2016, Itaipù ha prodotto un record di oltre 103,1 TWh (terawattora) di energia elettrica, sufficiente a coprire circa il 75% del fabbisogno elettrico del Paraguay e circa il 15% di quello del Brasile. È gestita da Itaipú Binacional, un accordo tra il Brasile e il Paraguay, istituito nel 1973 attraverso un trattato tra i due Paesi. La produzione di energia è suddivisa equamente, con il Paraguay che utilizza una piccola percentuale della sua quota e vende il resto al Brasile.

C'è comunque da sottolineare che la creazione del bacino idrico ha comportato l'inondazione di vaste aree, comprese le Cascate di Guaíra, un'importante attrazione naturale. Migliaia di persone sono state sfollate, principalmente agricoltori locali e comunità indigene. Tuttavia, la centrale ha contribuito enormemente allo sviluppo economico della regione e continua a essere una delle fonti principali di energia pulita per Brasile e Paraguay.

Diga di Belo Monte (Brasile)

La Diga di Belo Monte è una delle più grandi centrali idroelettriche del Brasile e del mondo, situata sul fiume Xingu nello stato del Pará, nella regione amazzonica. Questo progetto ha suscitato molte discussioni a livello nazionale e internazionale per il suo impatto ambientale e sociale essendo localizzato in un'area ecologicamente e culturalmente sensibile.

La diga è un sistema complesso di più strutture, piuttosto che una singola diga. Il progetto include diverse dighe e canali artificiali per deviare l'acqua formando un grande bacino artificiale. Copre un'area di circa 503 km², molto più ridotto rispetto ad altre grandi dighe a causa della scelta progettuale di minimizzare l'inondazione di foresta pluviale.

La sua capacità installata è di circa 11.233 MW rendendola una delle più grandi centrali idroelettriche del mondo in termini di potenza nominale. Nonostante ciò, a causa della variabilità del flusso d'acqua del fiume Xingu, la centrale opera mediamente con una capacità effettiva di circa 4.500 MW per gran parte dell'anno a causa delle variazioni stagionali della portata del fiume. La costruzione è iniziata nel 2011 e si è conclusa nel 2019, con le prime turbine che sono entrate in funzione nel 2016.

La centrale è completamente operativa dal 2019. La Diga di Belo Monte è gestita dalla compagnia Norte Energia, un consorzio di imprese brasiliane che include aziende statali e private. L'energia prodotta è destinata principalmente al mercato nazionale, con l'obiettivo di soddisfare il crescente fabbisogno energetico del Brasile.

Come precedentemente accennato la costruzione della diga ha sollevato intense critiche da parte di gruppi ambientalisti, attivisti per i diritti umani, e comunità indigene. Infatti, oltre 20.000 persone sono state sfollate dalle loro terre a causa della creazione del bacino e delle strutture associate alla diga. Inoltre, la deviazione del fiume e la riduzione del flusso in alcune aree hanno avuto effetti significativi sulla biodiversità, incluse specie ittiche e la fauna locale e la modifica del flusso del fiume ha anche alterato i cicli stagionali delle inondazioni, influenzando sia l'agricoltura che la vita delle popolazioni indigene che dipendono dal fiume.

Belo Monte utilizza un sistema di turbine Kaplan, che sono adatte per la gestione di grandi volumi d'acqua a basse cadute. Il fiume Xingu ha una grande portata, ma non un grande dislivello; quindi, questa tecnologia permette di ottimizzare la generazione di energia.

Schema di una turbina Kaplan

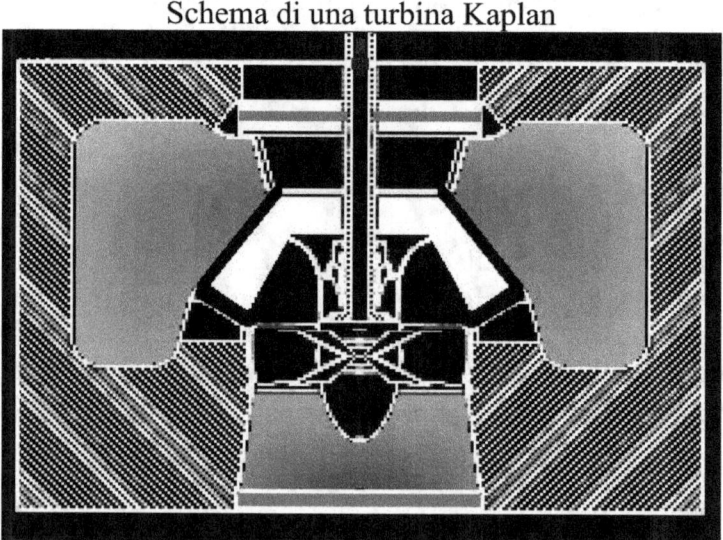

38

Centrale Idroelettrica di Ghazi Barotha (Pakistan)

La Centrale Idroelettrica di Ghazi Barotha è un'importante infrastruttura energetica del Pakistan. È una centrale a filo d'acqua il che significa che sfrutta il flusso naturale del fiume Indo senza un grande bacino di accumulo per generare elettricità. Si trova vicino alle città di Ghazi e Barotha, nelle province di Khyber Pakhtunkhwa e Punjab, a nord-ovest di Islamabad.

La costruzione è iniziata nel 1995 e si è conclusa nel 2003 con un costo complessivo stimato di oltre 2 miliardi di dollari. Il progetto è stato finanziato da una combinazione di risorse nazionali e internazionali, con il coinvolgimento della Banca Mondiale e altre istituzioni finanziarie.

Il progetto si sviluppa su un'area lunga circa 100 km e include diverse strutture. È composta da un sistema complesso che comprende: un canale di deviazione lungo 52 km, che devia l'acqua dal fiume a un impianto di generazione situato a valle. Una diga di controllo (o di diversione) a Ghazi, che regola il flusso del fiume e permette l'entrata controllata dell'acqua nel canale. Una centrale elettrica è situata a Barotha, dove l'acqua viene utilizzata per alimentare le turbine e generare elettricità.

La centrale ha una capacità installata di 1.450 MW (megawatt), suddivisa in 5 unità da 290 MW ciascuna. Si stima che la centrale produca circa 6.600 GWh (gigawattora) di energia elettrica ogni anno, contribuendo in modo significativo al fabbisogno energetico del Pakistan.

Ghazi Barotha è particolarmente importante per l'intera comunità perché sfrutta l'acqua in modo continuo e regolare senza essere soggetta alle grandi variazioni stagionali tipiche di molti impianti idroelettrici, in quanto il fiume Indo ha un flusso costante per la maggior parte dell'anno.

Anche questa centrale utilizza turbine Kaplan, particolarmente adatte per impianti a basso salto ma con grande portata d'acqua. Le turbine Kaplan, come descritto prima, sono note per la loro capacità di adattarsi a variazioni di flusso mantenendo alta l'efficienza operativa.

L'acqua del fiume Indo viene prelevata attraverso la diga di controllo e incanalata in un canale artificiale (chiamato "canale di alimentazione"), che convoglia l'acqua verso la centrale situata a una quota più bassa, sfruttando il dislivello naturale per generare energia.

È considerato un progetto strategico, tuttavia, la sua realizzazione ha comportato lo spostamento di alcune comunità locali e ha richiesto misure di compensazione e ripristino ambientale.

L'energia prodotta è destinata principalmente a soddisfare la crescente domanda di elettricità nelle aree urbane, in particolare nelle regioni del Punjab e di Khyber Pakhtunkhwa, riducendo anche la necessità di importare combustibili per le centrali termoelettriche.

Fonti

Agenzia Internazionale dell'Energia (IEA): la IEA pubblica rapporti annuali sull'energia che includono dati sull'energia idroelettrica.

World Energy Council (WEC): fornisce rapporti dettagliati sullo stato delle fonti energetiche rinnovabili nel mondo.

U.S. Energy Information Administration (EIA): offre statistiche e analisi sull'energia negli Stati Uniti, inclusa l'energia idroelettrica.

Banca Mondiale: pubblica rapporti sui progetti di sviluppo energetico nei paesi in via di sviluppo, compresi quelli che riguardano l'energia idroelettrica.

International Hydropower Association (IHA): fornisce dati e analisi specifiche sul settore idroelettrico a livello globale.

Capitolo 4
La startup innovativa nelle energie rinnovabili

La creazione di una startup nel settore delle energie rinnovabili è una sfida complessa e stimolante che richiede non solo conoscenze tecniche approfondite, ma anche una visione imprenditoriale chiara, supportata da una solida analisi di mercato, competenze legali e regolamentari e strategie finanziarie sostenibili.

In questa parte, analizzeremo il processo dall'idea all'azione, esploreremo le tecnologie emergenti, le tendenze del settore e come integrare queste fonti energetiche nei sistemi esistenti. Infine, ci concentreremo sull'iter burocratico per fondare una startup green, affrontando normative, licenze e certificazioni.

Come fondare una startup green
Prima di intraprendere la creazione di una startup è importante condurre un'analisi di mercato dettagliata. Questo processo fornisce informazioni preziose sulla domanda di energia pulita, i principali player del settore, le tecnologie emergenti e le aree geografiche con maggiori opportunità di crescita.

Il mercato delle energie rinnovabili è vasto e diversificato, con numerosi segmenti. Ricapitoliamo cosa comprendono alcuni dei segmenti chiave:

- pannelli fotovoltaici, solare termico, sistemi di accumulo energetico;
- turbine eoliche onshore e offshore con applicazioni sia su piccola che larga scala;
- sistemi a piccola scala come il micro-idroelettrico o grandi progetti di dighe;
- impianti per la produzione di energia geotermica a bassa o alta entalpia (*);
- sfruttamento di materiali organici per la produzione di energia termica ed elettrica.

Nota

(*) l'entalpia è una grandezza termodinamica che rappresenta il contenuto energetico totale di un sistema, includendo sia l'energia interna (l'energia dovuta alle interazioni tra le particelle del sistema) sia l'energia necessaria per far posto al sistema nell'ambiente circostante (energia legata alla pressione e al volume). L'entalpia si indica generalmente con la lettera H e si misura in joule (J) nel Sistema Internazionale.

Essa è definita dalla seguente equazione:

$$H=U+pVH = U + pVH=U+pV$$

dove:

H è l'entalpia del sistema,
U è l'energia interna del sistema,
p è la pressione esterna esercitata sul sistema,
V è il volume del sistema.

Questa equazione ci dice che l'entalpia è la somma dell'energia interna del sistema e del prodotto della pressione per il volume, che è particolarmente utile nei processi a *"pressione costante"*, come molte reazioni chimiche e processi industriali. In tali condizioni, la variazione di entalpia (ΔH) corrisponde al calore scambiato tra il sistema e l'ambiente. Questo la rende una grandezza pratica per descrivere i trasferimenti di energia nei processi chimici e fisici, rappresenta insomma il lavoro necessario per spostare l'ambiente circostante.

Paesi come la Germania, la Danimarca e la Cina sono leader mondiali nell'adozione di energie rinnovabili mentre in Italia e nel sud Europa esistono grandi opportunità, soprattutto nel solare e nelle biomasse. Inoltre, in aree non completamente servite dalle reti elettriche tradizionali, come in alcune parti dell'Africa e del Sud-est asiatico, vi sono opportunità per soluzioni decentralizzate di questa tipologia.

Tra i principali fattori che stanno favorendo la crescita di questo settore troviamo che molti governi offrono incentivi fiscali, finanziamenti e agevolazioni per promuovere l'adozione delle rinnovabili. L'introduzione di sistemi di scambio di emissioni e imposte sull'anidride carbonica rende più conveniente investire nelle energie pulite.

Una volta compreso il mercato e le sue opportunità, il passo successivo è sviluppare un'idea imprenditoriale che coniughi innovazione tecnologica e sostenibilità. La combinazione di nuove tecnologie e modelli di business sostenibili rappresenta la chiave per il successo della startup.

L'innovazione tecnologica deve mirare a risolvere problemi reali e a migliorare l'efficienza, ridurre i costi o facilitare l'adozione di queste applicazioni.

Ovviamente dobbiamo sempre considerare che la sostenibilità non è solo legata alla riduzione di CO_2 ma anche all'uso di materiali sostenibili, all'efficienza delle risorse e alla progettazione di cicli produttivi che minimizzino l'impatto ambientale. Per esempio, sviluppare una tecnologia fotovoltaica che utilizza materiali riciclabili o ridurre l'uso di terre rare nelle turbine eoliche può costituire un importante vantaggio competitivo.

Casi Studio
Tesla Powerwall e Sonnen

La Tesla Powerwall e i sistemi di accumulo energetico Sonnen rappresentano esempi di startup innovative nel settore delle rinnovabili. Entrambe queste aziende hanno sviluppato soluzioni di accumulo energetico che, integrando batterie ad alta capacità con la produzione domestica di energia solare, consentono ai consumatori di gestire autonomamente il proprio fabbisogno energetico e di vendere l'eccesso alla rete.

Tecnologie emergenti e trend futuri

Tecnologie emergenti come le batterie a stato solido, i sistemi di accumulo energetico avanzati, l'idrogeno verde e le reti intelligenti (smart grid) stanno trasformando rapidamente il panorama energetico globale, aprendo opportunità senza precedenti per l'innovazione. In questo contesto avviare una start-up nelle energie rinnovabili rappresenta una straordinaria occasione per imprenditori visionari interessati a rivoluzionare i processi di produzione, di distribuzione e di utilizzo dell'energia che rispondano alle sfide della transizione energetica globale.

Ritengo quindi che sia fondamentale individuare una nicchia ben definita, un segmento del mercato in cui la nostra tecnologia o il nostro servizio non solo risolva un problema esistente ma offra un miglioramento tangibile rispetto alle soluzioni esistenti. Questa riflessione nasce dalla mia esperienza nel vedere come le start-up di successo si concentrino su aree specifiche, sia che si tratti di sviluppare tecnologie fotovoltaiche più efficienti, di proporre soluzioni avanzate per lo stoccaggio dell'energia, o di ottimizzare la produzione di biomassa con metodi innovativi.

Quello che considero essenziale, però, è la creazione di una proposta di valore davvero unica. Non basta solo innovare ma bisogna anche dimostrare chiaramente come la nostra impresa possa fornire soluzioni più sostenibili, efficienti ed economicamente vantaggiose rispetto a quelle già disponibili sul mercato. Questo richiede un'analisi approfondita delle tecnologie emergenti ma anche una comprensione profonda delle esigenze degli utenti finali e delle dinamiche regolatorie che influenzano il settore energetico. Solo con questa combinazione di visione e attenzione al dettaglio si può davvero creare un'impresa capace di impattare e di distinguersi nel panorama globale.

Analizziamo di seguito quali sono le tecnologie emergenti che stanno trasformando questo particolare settore.

Batterie a stato solido

Le batterie a stato solido rappresentano un significativo miglioramento rispetto alle batterie al litio-ione tradizionali, grazie alla loro maggiore densità energetica, sicurezza e longevità. Questa tecnologia è particolarmente rilevante per le applicazioni che richiedono soluzioni di accumulo energetico avanzato come i veicoli elettrici (EV) e lo stoccaggio di energia rinnovabile.

L'integrazione di batterie a stato solido può trasformare il modo in cui l'energia viene accumulata e utilizzata, consentendo tempi di ricarica più rapidi, maggiore autonomia per i veicoli e una maggiore affidabilità delle reti energetiche.

Idrogeno verde

L'idrogeno verde è prodotto attraverso l'elettrolisi dell'acqua utilizzando energia rinnovabile per separare l'idrogeno dall'ossigeno. Questa tecnologia ha il potenziale per decarbonizzare settori industriali ad alta intensità energetica e offrire un'alternativa pulita ai combustibili fossili. In particolare, l'idrogeno verde può essere utilizzato per alimentare industrie pesanti, trasporti a lunga distanza e reti di distribuzione del gas. Avviare una startup focalizzata sulla produzione, stoccaggio o distribuzione di idrogeno verde può aprire la strada a nuove opportunità di business e contribuire alla riduzione delle emissioni globali.

Reti intelligenti (smart grid)

Le reti intelligenti utilizzano tecnologie digitali per monitorare e gestire in modo efficiente la distribuzione di energia. Queste reti sono fondamentali per integrare le energie rinnovabili nel sistema elettrico, ottimizzare l'uso delle risorse e migliorare la resilienza contro le interruzioni. Le smart grid offrono opportunità di business per startup che sviluppano soluzioni per la gestione dell'energia, la manutenzione predittiva o l'automazione dei sistemi di distribuzione.

Pannelli solari di nuova generazione

La tecnologia fotovoltaica sta continuando ad evolversi con lo sviluppo di pannelli solari più efficienti e meno costosi. Tra le innovazioni più promettenti vi sono i pannelli solari bifacciali che possono catturare la luce solare da entrambi i lati, e le celle solari a perovskite, che promettono un'elevata efficienza a costi ridotti. Avviare una startup che operi nel campo della produzione, installazione o integrazione di questi pannelli solari innovativi potrebbe essere un'opportunità interessante per chi vuole investire in tecnologie verdi.

Accumulo energetico avanzato

Oltre alle batterie a stato solido, esistono altre tecnologie emergenti di accumulo energetico che potrebbero rivoluzionare il settore, come i super condensatori, i volani e i sistemi di accumulo ad aria compressa (CAES). Queste soluzioni offrono metodi innovativi per immagazzinare grandi quantità di energia in modo efficiente, aiutando a bilanciare l'offerta e la domanda di energia rinnovabile.

Nell'analisi delle tecnologie emergenti, ho trovato che esplorarle in modo approfondito sia fondamentale per chi, come me, desidera individuare le migliori opportunità di mercato e orientarsi nel complesso mondo delle startup. Osservando da vicino l'evoluzione tecnologica, non solo è possibile riconoscere nicchie di mercato promettenti ma si possono anche anticipare tendenze che guideranno la domanda futura. In questo senso, credo che le startup abbiano una marcia in più: la loro agilità e capacità di adattamento le rende particolarmente adatte a trarre vantaggio dalle nuove tecnologie e rispondere rapidamente ai cambiamenti di settore.

Ogni nuova tecnologia offre opportunità che vanno ben oltre il solo aspetto tecnico e trovo molto interessante constatare come queste innovazioni cambino le abitudini di consumo, creino nuovi bisogni e ridefiniscano settori interi. Un esempio che ritengo emblematico è l'intelligenza artificiale, che ha generato una domanda crescente per strumenti di automazione e analisi predittiva, aprendo mercati che fino a pochi anni fa nemmeno esistevano. Allo stesso modo, l'Internet delle Cose (IoT) ha rivoluzionato ambiti come la domotica, la sanità e la logistica, aprendo alle startup moltissime possibilità di sviluppare soluzioni innovative che migliorino efficienza e connettività.

Ho sempre rimarcato, però, che esplorare e comprendere davvero le potenzialità delle tecnologie emergenti richiede più di un semplice entusiasmo iniziale. Occorre un'attenta analisi delle tendenze del settore, delle necessità dei consumatori e delle normative, che sono in continua evoluzione. Solo avendo una visione chiara e completa del panorama tecnologico e di mercato una startup può decidere con sicurezza dove conviene investire risorse e su quali progetti concentrarsi. Le tecnologie emergenti, in effetti, rappresentano una fonte incredibile di valore, ma richiedono anche di saper affrontare i rischi legati alla loro costante trasformazione, come l'obsolescenza rapida o l'instabilità regolamentare.

Ovviamente non va mai sottovalutata l'importanza della differenziazione. Per una startup, innovare non significa necessariamente creare una tecnologia nuova da zero ma può voler dire adattare soluzioni esistenti in modo originale e distintivo. Si può ottenere un vantaggio competitivo sfruttando tecnologie emergenti consolidate in altri settori e portandole in nicchie di mercato ancora poco esplorate. Un esempio interessante che mi viene in mente è la blockchain, pensata inizialmente per le criptovalute, ma poi rivelatasi adatta anche per tracciare la catena di approvvigionamento e per innovare nella logistica, permettendo a nuove startup di proporre servizi inediti e concreti in questi ambiti.

Credo inoltre che una startup debba essere capace di anticipare i bisogni del mercato immaginando come potranno rispondere a esigenze future. Questo approccio consente di costruire un'offerta che, una volta lanciata, sia già perfettamente in linea con le aspettative dei consumatori.

Personalmente, penso sia essenziale mantenere un contatto costante con le ricerche accademiche, i report di settore e le innovazioni presentate nelle fiere tecnologiche, così da avere una visione aggiornata e tradurre le novità in soluzioni concrete.

Il processo di scoperta e di valorizzazione delle opportunità legate alle tecnologie emergenti non si riduce alla sola comprensione tecnica ma richiede una visione d'insieme che unisca innovazione, strategia, capacità di adattamento e una profonda conoscenza delle dinamiche di settore.

In questo senso, le startup che siano capaci di coltivare una visione olistica siano quelle meglio posizionate per trarre vantaggi competitivi dai nuovi processi tecnologici, trasformando possibilità astratte in realtà tangibili.

Ritengo, infine, che esplorare le tecnologie emergenti rappresenti per una startup un cammino di scoperta che può portare a grandi successi, ma che richiede anche attenzione, flessibilità e un impegno costante nell'aggiornamento e, come ribadirò in seguito, nella formazione.

Esempi di progetti innovativi e tecnologie applicate
Solar Roof di Tesla

Il Solar Roof di Tesla è un esempio emblematico di come l'innovazione tecnologica possa trasformare l'energia rinnovabile in un'opzione integrata e accessibile per le abitazioni.

Lanciato inizialmente nel 2016, il Solar Roof rappresenta una soluzione rivoluzionaria che combina l'estetica con la funzionalità, offrendo una tegola solare progettata per sostituire completamente i tetti tradizionali, mentre produce elettricità attraverso l'energia solare.

A differenza dei tradizionali pannelli fotovoltaici che vengono montati sopra il tetto esistente, il Solar Roof di Tesla è costituito da tegole solari che fungono sia da materiale di copertura sia da sistema di generazione di energia.

Queste tegole sono composte da vetro temperato resistente alle intemperie e integrano celle fotovoltaiche ad alta efficienza che convertono la luce solare in energia elettrica.

Tesla utilizza una combinazione di tegole attive (che generano energia) e tegole inattive (che non producono energia) per bilanciare il costo complessivo e l'efficienza del tetto. Questo permette di ottenere un aspetto uniforme, indistinguibile da un tetto tradizionale ma con il vantaggio di sfruttare appieno il potenziale dell'energia solare.

Esempi di tegole solari

Vantaggi del Solar Roof
- Integrazione estetica e funzionale: uno dei punti di forza del Solar Roof è l'integrazione estetica. Molti proprietari di abitazioni esitano a installare pannelli solari per via del loro impatto visivo mentre il Solar Roof risolve questa preoccupazione combinando la generazione di energia con un design elegante e invisibile;
- durata e resistenza: le tegole di Tesla sono progettate per essere estremamente resistenti con una durata superiore a quella di un normale tetto in tegole di asfalto o argilla.

Tesla garantisce le tegole per 25 anni e il vetro temperato resiste a condizioni meteorologiche estreme come grandine, vento e neve;
- integrazione con Powerwall: un altro elemento chiave del Solar Roof è la sua integrazione con il sistema di batterie Tesla Powerwall, che permette di immagazzinare l'energia prodotta durante il giorno per utilizzarla quando il sole non è disponibile. Questo rende il sistema non solo sostenibile ma anche autosufficiente.

Batteria Tesla Powewall

Il Solar Roof è particolarmente interessante perché spinge l'idea che il futuro dell'energia solare possa non essere limitato ai pannelli solari tradizionali ma possa essere parte integrante delle strutture esistenti. Sebbene il Solar Roof sia ancora in fase di diffusione su larga scala, rappresenta un modello di innovazione che potrebbe trasformare l'energia solare in una caratteristica standard delle abitazioni future, integrando energia e design.

Eolico galleggiante sviluppato da Equinor

L'eolico galleggiante sviluppato da Equinor, una delle maggiori compagnie energetiche mondiali con sede in Norvegia, è un'altra tecnologia emergente che sta cambiando il panorama delle energie rinnovabili. Equinor è pioniera nell'implementazione di parchi eolici galleggianti in mare aperto attraverso il progetto Hywind, il primo parco eolico galleggiante al mondo, inaugurato nel 2017 al largo della costa scozzese.

Cos'è l'eolico galleggiante
L'eolico galleggiante si differenzia dall'eolico offshore tradizionale in cui le turbine sono ancorate al fondale marino. Nel caso dell'eolico galleggiante, le turbine sono montate su piattaforme galleggianti ancorate al fondale con cavi, consentendo loro di essere installate in acque molto più profonde, dove il vento è più forte e costante. Questo è particolarmente utile nelle zone dove le acque sono troppo profonde per le tradizionali turbine offshore, come l'oceano Atlantico o il Pacifico.

Tecnologia del progetto Hywind
Il progetto Hywind Scotland è il primo parco eolico galleggiante commerciale al mondo, situato a circa 25 km dalla costa nord-orientale della Scozia. Le turbine galleggianti Hywind

sono montate su piattaforme cilindriche stabili, chiamate Spar buoy, che vengono mantenute in posizione da ancore. Ogni turbina misura circa 175 metri di altezza, di cui gran parte è sommersa.

Esempio di turbine galleggianti offshore ancorate sul fondale marino

Le turbine eoliche galleggianti si basano su piattaforme che offrono stabilità anche in condizioni marine avverse. La struttura di supporto galleggiante può essere realizzata con diversi materiali, come acciaio o cemento, ed è progettata per resistere alle forze del vento e delle onde. Uno dei suoi principali vantaggi è che può essere installato in aree con venti più potenti e costanti, lontano dalle coste, migliorando l'efficienza energetica rispetto all'eolico tradizionale. Le turbine Hywind hanno dimostrato una capacità di carico superiore al 60%, rispetto a una media del 45% per le turbine offshore ancorate al fondale.

- Maggiore accessibilità ai venti il che significa una maggiore produzione di energia;
- riduzione dell'impatto visivo in quanto possono essere installate più lontano dalla costa, riducendo l'impatto visivo per le comunità locali. Questo è un vantaggio significativo in termini di accettazione sociale;
- impatto positivo sul mix energetico: Equinor ha dimostrato che l'eolico galleggiante può essere una soluzione praticabile e competitiva per l'energia eolica su larga scala, contribuendo a ridurre la dipendenza dai combustibili fossili.

Prospettive future

Esempio di mega turbina eolica offschore del futuro

L'eolico galleggiante è ancora in una fase iniziale di sviluppo, ma progetti come Hywind stanno dimostrando la fattibilità di questa tecnologia. Equinor prevede di espandere ulteriormente questa tecnologia con progetti più ambiziosi in aree come il Giappone, gli Stati Uniti e l'Europa, dove le acque profonde rappresentano una grande opportunità per l'energia rinnovabile offshore.

Le Smart Grid in Germania: un pilastro della transizione energetica

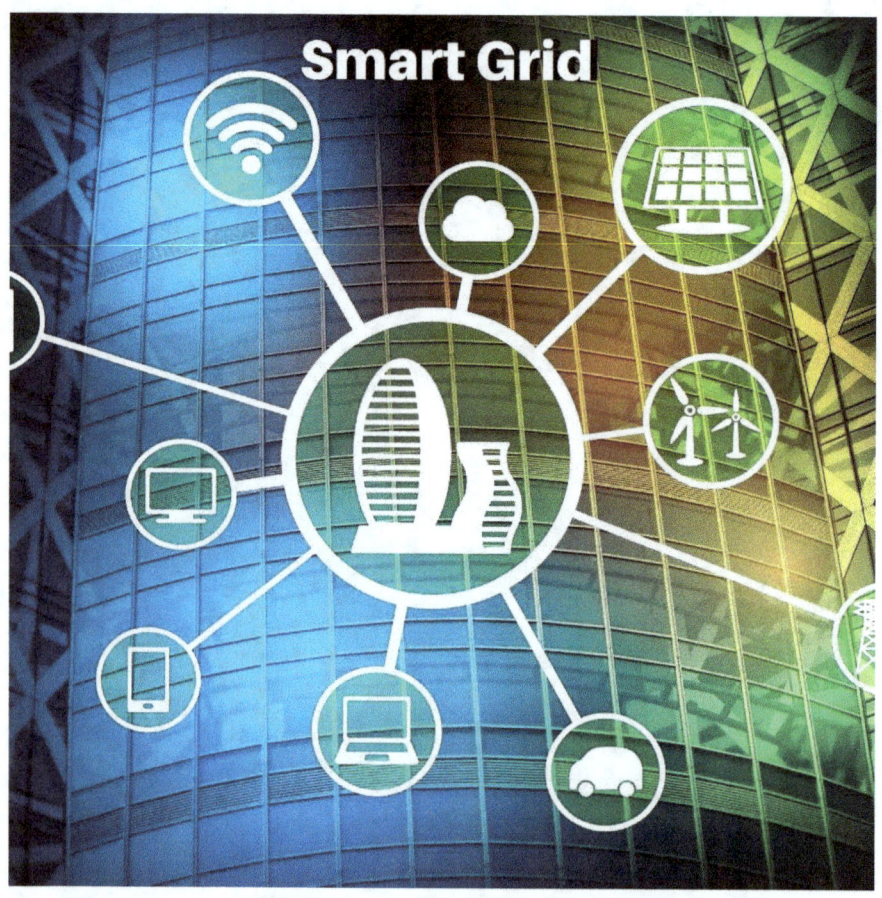

La Germania, pioniera nell'ambito delle energie rinnovabili, ha fatto delle smart grid un elemento cardine del suo ambizioso programma Energiewende. Queste reti elettriche intelligenti, dotate di sensori e sistemi di controllo avanzati, consentono una gestione dinamica ed efficiente della produzione e della distribuzione di energia, integrando in modo ottimale fonti rinnovabili intermittenti come solare ed eolico.

A differenza delle reti tradizionali, le smart grid offrono una flessibilità senza precedenti. Grazie al monitoraggio in tempo reale della domanda e dell'offerta, è possibile bilanciare il sistema energetico, ridurre le perdite e massimizzare l'utilizzo di energie rinnovabili.

Tecnologie chiave

- Smart metering: contatori intelligenti che consentono un monitoraggio accurato dei consumi e una gestione dinamica delle tariffe;
- sistemi di gestione dell'energia distribuita (DGMS): piattaforme software che ottimizzano la produzione e la distribuzione di energia da diverse fonti, favorendo l'integrazione di sistemi di accumulo e la creazione di microreti.

Impatto e prospettive

L'adozione diffusa delle smart grid in Germania ha permesso di:

- gestire efficacemente l'intermittenza delle fonti rinnovabili, garantendo la stabilità della rete;
- ridurre le emissioni di CO_2 contribuendo alla decarbonizzazione del settore energetico;
- migliorare l'efficienza energetica: ottimizzando il flusso di energia e riducendo le perdite e i costi.

Le smart grid rappresentano un modello di riferimento a livello globale, dimostrando come l'innovazione tecnologica possa accelerare la transizione verso un sistema energetico più sostenibile e resiliente. L'evoluzione continua di queste reti, insieme allo sviluppo di nuove tecnologie come lo storage su larga scala e l'intelligenza artificiale, promette di rivoluzionare ulteriormente il settore energetico nei prossimi anni.

La sostenibilità economica e ambientale
come driver di crescita

Il concetto di sostenibilità è intrinsecamente legato al settore delle energie rinnovabili. Tuttavia, per una startup, è essenziale trovare un equilibrio tra sostenibilità ambientale e sostenibilità economica. Le tecnologie rinnovabili devono non solo ridurre l'impatto ambientale ma anche dimostrare di essere competitive rispetto alle fonti energetiche tradizionali. Per questo motivo, devono concentrarsi su soluzioni tecnologiche che riducano i costi di produzione, migliorino l'efficienza energetica e permettano una distribuzione capillare dell'energia.

L'innovazione tecnologica è determinante per ottenere questi obiettivi. Tecnologie come l'intelligenza artificiale, l'Internet of Things (IoT)* e la digitalizzazione delle reti energetiche offrono opportunità straordinarie per aumentare l'efficienza dei sistemi energetici, minimizzare gli sprechi e ottimizzare la distribuzione. Le startup che riescono a conseguire questi obiettivi con una visione imprenditoriale orientata al mercato sono quelle che avranno il maggiore successo..

Nota

(IoT)* è l'acronimo di Internet of Things (in italiano Internet delle cose). Si riferisce a una rete di dispositivi fisici connessi a Internet, in grado di raccogliere, scambiare e analizzare dati tramite sensori, software e altre tecnologie. Questi dispositivi possono includere elettrodomestici, veicoli, dispositivi indossabili, apparecchiature industriali e molti altri oggetti del mondo fisico.

L'obiettivo dell'IoT è migliorare l'automazione, l'efficienza e l'interazione tra persone e oggetti. I dispositivi IoT possono comunicare tra loro e con sistemi centrali consentendo il monitoraggio remoto, il controllo automatizzato e l'ottimizzazione di processi.

Ad esempio:

- case intelligenti: elettrodomestici come termostati, luci e sistemi di sicurezza connessi a Internet, che possono essere controllati da remoto tramite smartphone;
- industria 4.0: macchinari industriali dotati di sensori IoT che monitorano le prestazioni, prevedono guasti e migliorano l'efficienza della produzione;
- salute e fitness: dispositivi indossabili che monitorano parametri vitali, attività fisica o sonno.

L'IoT ha il potenziale di trasformare molti settori, dall'industria manifatturiera alle città intelligenti, migliorando la qualità della vita e riducendo i costi operativi.

Le opportunità future per le startup nelle energie rinnovabili

La crescente domanda globale di energia, unita agli obiettivi di decarbonizzazione promossi dai governi e dalle organizzazioni internazionali, creerà un ambiente sempre più favorevole per lo sviluppo di soluzioni energetiche innovative.

In particolare, regioni come la Puglia e il Mezzogiorno d'Italia offrono opportunità uniche per le startup del settore. Queste aree sono caratterizzate da risorse naturali abbondanti, come il sole e il vento, che rendono il territorio ideale per lo sviluppo di impianti fotovoltaici ed eolici su larga scala.

Inoltre, i programmi di incentivazione a livello nazionale ed europeo, come il Piano Nazionale di Ripresa e Resilienza (PNRR), offrono alle startup una serie di strumenti finanziari per supportare lo sviluppo di progetti sostenibili.

Capitolo 5
Iter burocratico per la creazione di una startup green

Quadro normativo di riferimento

La creazione e lo sviluppo di una startup green in Italia sono inquadrati in un contesto normativo nazionale ed europeo in continua evoluzione. Il Piano Nazionale Integrato per l'Energia e il Clima (PNIEC) definisce gli obiettivi energetici e climatici a lungo termine del Paese, delineando le linee guida per la transizione energetica. A livello europeo, la Direttiva sulle Energie Rinnovabili (RED II) stabilisce le quote minime di energia da fonti rinnovabili che gli Stati membri devono raggiungere entro il 2030, incentivando lo sviluppo di nuove tecnologie e soluzioni sostenibili.

Autorizzazioni, permessi e certificazioni

Per operare legalmente nel settore delle energie rinnovabili è necessario ottenere una serie di autorizzazioni, permessi e certificazioni:

- autorizzazione unica ambientale (AUA): è un'unica autorizzazione che integra tutte le autorizzazioni e i pareri ambientali necessari per la realizzazione e l'esercizio di un'attività produttiva;
- certificazioni energetiche: è la documentazione che attesta l'efficienza energetica degli impianti installati, garantendo il rispetto dei requisiti minimi previsti dalla normativa.

Norme tecniche e standard di qualità

Il settore delle energie rinnovabili è caratterizzato da elevati standard di qualità e sicurezza. Le norme tecniche e gli standard internazionali, come quelli definiti dall'International Electrotechnical Commission (IEC), stabiliscono i requisiti tecnici e di performance che i componenti e gli impianti devono soddisfare per garantire un funzionamento sicuro ed efficiente.

Interazione con gli Enti Pubblici

L'interazione con gli enti pubblici è fondamentale per la riuscita di un progetto nel contesto energetico innovativo. Le principali autorità competenti sono:

- enti locali: comuni, province e regioni sono coinvolti nelle procedure autorizzative e nella concessione di permessi edilizi;

- gestore dei servizi energetici (GSE): ente pubblico che gestisce gli incentivi economici per la produzione di energia da fonti rinnovabili e fornisce servizi di misurazione e certificazione;

- autorità di regolazione per energia, reti e ambiente (ARERA): è l'autorità indipendente che regola il settore elettrico e gas, definendo le tariffe e le condizioni tecniche di connessione alla rete.

N.B. è fondamentale tenere conto che la normativa in materia di energie rinnovabili è soggetta a frequenti aggiornamenti, pertanto, consiglio di consultare periodicamente le fonti ufficiali per verificare l'applicazione delle disposizioni più recenti.

Diagramma di flusso semplificato per la creazione di una startup green:

1. sviluppo dell'idea di business, studio di fattibilità;
2. business plan, obiettivi, strategia;
3. scelta della forma giuridica, atto costitutivo;
4. autorizzazioni AUA, certificazioni energetiche;
5. ricerca finanziamenti (bandi pubblici, investitori);
6. costruzione dell'impianto;
7. commercializzazione, marketing, monitoraggio.

Tabella: principali autorizzazioni e certificazioni

Autorizzazione/Certificazione	Descrizione	Ente Competente
Autorizzazione Unica Ambientale (AUA)	Autorizzazione integrata per tutte le attività con impatti ambientali significativi.	Comune, Regione
Certificazione energetica	Attesta l'efficienza energetica degli edifici e degli impianti.	Enti certificatori accreditati
Permessi edilizi	Autorizzano la costruzione e la modifica di edifici e impianti.	Comune
Concessioni per l'utilizzo del suolo pubblico	Necessarie per l'installazione di impianti su suolo pubblico.	Comune

Alcuni esempi Pratici
Startup che produce energia solare:
o sviluppo di un pannello solare innovativo con maggiore efficienza;

o definizione del mercato di riferimento, studio della concorrenza, creazione di un business plan dettagliato;

o costituzione di una società a responsabilità limitata, redazione dello statuto.

o richiesta dell'AUA, permessi edilizi per la costruzione dell'impianto;

o finanziamenti (partecipazione a bandi regionali per le energie rinnovabili, ricerca di investitori privati);

o acquisto dei terreni, installazione dei pannelli, allacciamento alla rete elettrica;

o   vendita dell'energia prodotta a un gestore elettrico, attività di marketing per acquisire nuovi clienti.

Startup che produce bioplastiche:
o   sviluppo di un processo innovativo per la produzione di bioplastiche a partire da materie prime rinnovabili;
o   definizione dei canali di distribuzione, studio della normativa sulla produzione di imballaggi compostabili;
o   costituzione di una cooperativa sociale, registrazione del marchio;
o   autorizzazione allo scarico delle acque reflue, autorizzazione all'immissione sul mercato dei prodotti;
o   finanziamenti (ricerca di investitori sostenibili, accesso a fondi europei per l'innovazione);
o   costruzione dello stabilimento produttivo, acquisto delle materie prime;
o   commercializzazione delle bioplastiche verso aziende del settore alimentare e cosmetico.

Perché gli esempi pratici sono necessari?
In quanto autore di questo libro ho voluto rendere l'iter burocratico per la creazione di una startup green il più accessibile e comprensibile possibile. È per questo che ho scelto di arricchire il testo con alcuni esempi pratici.

Perché ho fatto questa scelta?
• per superare la complessità: la normativa che regola il mondo delle startup green può apparire intricata e farraginosa. Gli esempi aiutano a rendere concreti concetti astratti, come l'Autorizzazione Unica Ambientale o le certificazioni energetiche;
• per stimolare l'immaginazione: ogni startup è un progetto unico, con sfide e opportunità specifiche. Gli esempi possono ispirare nuovi imprenditori e aiutarli a delineare il loro percorso;

- per confrontare il proprio progetto con esempi simili, onde individuare le criticità e le opportunità, ottimizzando così le proprie strategie.

Capitolo 6
Finanziamenti e incentivi

L'accesso ai finanziamenti è uno dei fattori più critici per il successo delle startup nel settore delle energie rinnovabili. Il quadro finanziario europeo, nazionale, regionale e locale offre una serie di opportunità e strumenti per supportare l'innovazione, la sostenibilità e la crescita delle imprese green. Questa parte esplora le varie possibilità di finanziamento, dagli strumenti europei come Horizon Europe ai fondi nazionali, regionali e comunali, fornendo suggerimenti pratici e casi studio di successo.

L'Unione Europea ha adottato un approccio strategico per promuovere l'innovazione e la sostenibilità, stanziando ingenti risorse per supportare startup e progetti green.

I finanziamenti europei sono fondamentali per accelerare la transizione energetica e consentire alle nuove imprese di sviluppare tecnologie avanzate e progetti a basso impatto ambientale.

Vengono messi a disposizione diversi fondi per sostenere progetti di innovazione tecnologica. tra i più rilevanti ci sono:

- Fondo Europeo per lo Sviluppo Regionale (FESR) che finanzia progetti che promuovono lo sviluppo economico sostenibile e la coesione territoriale con particolare attenzione alle energie rinnovabili e all'efficienza energetica;
- Fondo per l'Innovazione, creato nell'ambito del sistema di scambio delle emissioni dell'UE (EU ETS) che supporta tecnologie innovative nel settore delle energie pulite con una particolare attenzione ai progetti che riducono le emissioni di carbonio;
- LIFE Programme, un programma specifico per l'ambiente e l'azione per il clima che finanzia progetti di innovazione nella gestione delle risorse naturali e nell'energia sostenibile.

Horizon Europe: opportunità di finanziamento per le imprese green

Horizon Europe è il principale programma di ricerca e innovazione dell'Unione Europea per il periodo 2021-2027. Con un budget di oltre 95,5 miliardi di euro, Horizon Europe è un'opportunità cruciale per le startup che sviluppano soluzioni innovative nel settore delle energie rinnovabili.

Le priorità del programma Horizon Europe includono:
- energia pulita e decarbonizzazione: cioè progetti volti a ridurre l'impronta di carbonio, migliorare l'efficienza energetica e sviluppare nuove fonti di energia rinnovabile.
- clima, energia e mobilità: iniziative che favoriscono la transizione verso un'economia verde e neutrale dal punto di vista climatico.

Strumenti di finanziamento di Horizon Europe
- European Innovation Council (EIC) che offre finanziamenti a startup innovative, con un focus su tecnologie rivoluzionarie e progetti ad alto rischio;
- Cluster 5 – Clima, Energia e Mobilità, che finanzia progetti di ricerca e innovazione nel campo delle energie rinnovabili, dell'efficienza energetica e delle infrastrutture sostenibili.

Un esempio di successo è Skeleton Technologies, una startup che ha ottenuto finanziamenti da Horizon 2020 (il predecessore di Horizon Europe) per sviluppare super condensatori innovativi ad alte prestazioni, utilizzabili per l'accumulo energetico nei sistemi fotovoltaici ed eolici.

Come partecipare a bandi europei: procedure, requisiti e tempistiche

Partecipare a bandi europei richiede una pianificazione accurata e una conoscenza dettagliata delle procedure. Ecco alcuni aspetti chiave da considerare

Requisiti di ammissibilità

Ogni bando europeo specifica i requisiti di ammissibilità, che possono includere:

- ambito geografico: la maggior parte dei fondi europei è aperta a tutti i paesi membri dell'UE ed ai paesi associati;
- innovazione e sostenibilità: è fondamentale dimostrare che il progetto proposto contribuisce a innovare il settore delle energie rinnovabili e ha un impatto positivo sulla sostenibilità ambientale.

Come presentare una proposta

- Collaborazione internazionale: molti bandi richiedono partenariati tra aziende, università e istituzioni di ricerca di diversi paesi membri;
- preparazione della documentazione: la proposta deve includere una descrizione dettagliata del progetto, degli obiettivi, delle tecnologie utilizzate, del piano finanziario e dei risultati attesi.

Tempistiche e valutazione

Le proposte vengono valutate in base a criteri di eccellenza, impatto e qualità dell'implementazione. La selezione può durare dai 6 ai 12 mesi, a seconda del programma e della complessità del progetto.

Caso Studio
Startup di successo che hanno ottenuto fondi europei
Climeworks (Svizzera)

Climeworks ha sviluppato una tecnologia per la cattura diretta di CO_2 dall'atmosfera e ha ricevuto finanziamenti da Horizon 2020. Grazie a questi fondi, l'azienda ha potuto migliorare le proprie tecnologie ed espandere la produzione.

DeepWind (Danimarca)

Il progetto DeepWind, finanziato dal programma Horizon 2020, ha sviluppato nuove turbine eoliche flottanti ad alta efficienza, particolarmente adatte per l'installazione in mare aperto dove i venti sono più costanti e forti.

Finanziamenti nazionali e regionali per le energie rinnovabili

Oltre ai fondi europei, i governi nazionali e regionali offrono incentivi e finanziamenti specifici per le startup nel settore delle energie rinnovabili. Questi fondi sono destinati a supportare l'innovazione, l'espansione delle infrastrutture verdi e l'integrazione di tecnologie pulite.

Incentivi e contributi nazionali per l'energia verde

In Italia, esistono diverse misure di incentivo a livello nazionale, promosse dal governo e da enti come il Ministero dello

Sviluppo Economico (MiSE) e il Gestore dei Servizi Energetici (GSE).

Conto energia e scambio sul posto

Uno degli strumenti più importanti è stato il Conto Energia che incentivava la produzione di energia fotovoltaica. Anche se non più attivo, ha posto le basi per il meccanismo di scambio sul posto che consente ai produttori di energia da fonti rinnovabili di vendere l'energia non utilizzata alla rete.

Certificati verdi e titoli di efficienza energetica (TEE)

I Certificati verdi e i titoli di efficienza energetica (TEE), noti anche come "certificati bianchi", sono strumenti che incentivano la produzione di energia rinnovabile e il miglioramento dell'efficienza energetica, premiando progetti che riducono il consumo di energia primaria.

Superbonus 110%

Il Superbonus 110% è stata una misura che permetteva di ottenere agevolazioni fiscali per interventi di riqualificazione energetica, come l'installazione di impianti fotovoltaici, sistemi di accumulo e pompe di calore. Questo incentivo, se applicato bene, ha favorito numerosi progetti di piccola e media scala stimolando l'adozione di tecnologie rinnovabili da parte di privati e imprese.

Il ruolo delle Regioni: opportunità di finanziamento locale

Oltre agli incentivi nazionali, le regioni italiane svolgono un ruolo fondamentale nel promuovere le energie rinnovabili attraverso fondi e bandi locali. Molte regioni, come la Lombardia, il Veneto e l'Emilia-Romagna, offrono contributi a fondo perduto o finanziamenti agevolati per progetti che migliorano l'efficienza energetica o che introducono tecnologie rinnovabili nelle abitazioni e nelle aziende.

Fondi strutturali e regionali

Le regioni gestiscono parte dei fondi strutturali europei, come il FESR e li destinano a progetti locali che contribuiscono alla crescita sostenibile. Ad esempio, la Regione Toscana ha promosso un bando per finanziare progetti innovativi nel campo delle biomasse e del solare termodinamico.

Protocolli e procedure per accedere a fondi nazionali e regionali

Per accedere ai fondi nazionali e regionali, le startup devono seguire specifiche procedure burocratiche:

- registrazione e adesione ai bandi: molte regioni pubblicano bandi periodici per il finanziamento di progetti innovativi. È importante monitorare le piattaforme ufficiali, come i siti delle regioni e del MiSE;
- preparazione della documentazione tecnica: i progetti devono essere accompagnati da studi di fattibilità tecnica ed economica e devono rispettare standard di efficienza energetica e sostenibilità ambientale.

Il ruolo delle Agenzie per lo sviluppo economico regionale

Le agenzie regionali per lo sviluppo economico, come Invitalia o Finlombarda, offrono supporto tecnico e finanziario per progetti innovativi nel campo delle energie rinnovabili. Queste agenzie collaborano con le startup per accedere a fondi, ottenere agevolazioni fiscali e sviluppare partenariati strategici.

Accesso ai finanziamenti comunali e altri incentivi locali

Anche a livello comunale esistono strumenti di supporto per le startup e i progetti legati alle energie rinnovabili. Questi finanziamenti, sebbene meno consistenti rispetto a quelli nazionali ed europei, sono finalizzati al sostegno dell'economia locale e della promozione di iniziative di sviluppo sostenibile.

I programmi comunali per lo sviluppo sostenibile

Molti comuni italiani hanno adottato Piani d'Azione per l'Energia Sostenibile (PAES), che includono incentivi per la realizzazione di progetti green. Ad esempio, il comune di Milano ha implementato misure di finanziamento per l'installazione di impianti solari sugli edifici pubblici e privati, promuovendo la mobilità sostenibile e migliorando l'efficienza energetica degli edifici.

Come ottenere agevolazioni fiscali e sgravi locali

I comuni offrono agevolazioni fiscali per le imprese che investono in tecnologie pulite. Questi sgravi includono:

- riduzioni delle imposte locali come la riduzione dell'IMU o della TASI per le imprese che realizzano interventi di efficientamento energetico;
- sgravi sulla concessione edilizia per le nuove costruzioni che integrano sistemi di energia rinnovabile.

Strumenti di finanziamento per piccoli progetti territoriali

I comuni spesso collaborano con le comunità locali e le cooperative energetiche per finanziare progetti di piccole dimensioni.

Ad esempio, in molti comuni delle Alpi italiane sono state realizzate micro-centrali idroelettriche finanziate tramite fondi comunali e cooperative locali, dimostrando come la partecipazione collettiva possa stimolare lo sviluppo di progetti sostenibili.

Capitolo 7
Esempi e approfondimenti

La crescita delle startup nel settore delle energie rinnovabili è fortemente correlata all'innovazione e alla capacità di navigare un panorama tecnologico, normativo e finanziario complesso.

Esaminare esempi di successo, così come fallimenti significativi, offre preziose lezioni per chi desidera entrare in questo settore. Collaborazioni strategiche e partnership risultano cruciali per accelerare la crescita delle startup e consolidare il loro posizionamento competitivo.

Le startup di successo nel settore delle energie rinnovabili sono caratterizzate da un approccio innovativo e da un forte orientamento alla sostenibilità. Alcuni degli esempi più emblematici includono:

- Next Kraftwerke: fondata in Germania nel 2009, è diventata uno dei più grandi operatori di "centrali elettriche virtuali" in Europa. La startup ha sviluppato una piattaforma che collega produttori decentralizzati di energia rinnovabile e consente loro di partecipare ai mercati energetici. Grazie all'uso di tecnologie digitali e smart grid, ha ottimizzato la distribuzione di energia e contribuito alla stabilizzazione della rete elettrica;
- Northvolt: fondata in Svezia, Northvolt è una startup che ha rivoluzionato il settore delle batterie con l'obiettivo di creare batterie agli ioni di litio completamente sostenibili; Northvolt ha ottenuto finanziamenti da vari fondi europei e nazionali e ha attratto l'attenzione di partner strategici come Volkswagen e BMW.

Lezioni chiave
- Innovazione tecnologica: la differenziazione tecnologica è un fattore critico. Next Kraftwerke, ad esempio, ha creato un modello di business basato sulla combinazione di

tecnologie digitali e rinnovabili, una soluzione all'avanguardia per la gestione decentralizzata dell'energia;

- Partnership strategiche: Northvolt ha beneficiato delle partnership con attori chiave dell'industria automobilistica per accelerare lo sviluppo e scalare la produzione, dimostrando l'importanza di collaborare con grandi aziende per consolidare la propria posizione.

Progetti innovativi di energia rinnovabile in Italia ed Europa

L'Italia e l'Europa hanno promosso numerosi progetti innovativi nel campo delle energie rinnovabili, volti a migliorare l'efficienza energetica e a ridurre l'impatto ambientale. Alcuni dei progetti più rilevanti includono:

- Parchi Eolici Offshore nel Mare del Nord: Questi progetti, promossi principalmente da consorzi di paesi europei come Germania, Danimarca e Paesi Bassi, hanno rivoluzionato il settore dell'energia eolica. L'installazione di turbine eoliche in mare aperto ha permesso di sfruttare venti più costanti e potenti, aumentando significativamente la produzione di energia;
- Progetto "Puglia Active Network" (Italia). Questo progetto è stato sviluppato da Enel in Puglia per migliorare la distribuzione dell'energia nella regione, utilizzando una smart grid avanzata che integra fonti di energia rinnovabile. Il sistema monitora in tempo reale la produzione e il consumo di energia, ottimizzando l'integrazione delle rinnovabili nella rete elettrica.

Lezioni chiave

- Infrastrutture avanzate: l'importanza delle infrastrutture adeguate, come smart grid e sistemi di accumulo, per sfruttare appieno il potenziale delle energie rinnovabili;
- collaborazione interregionale: i parchi eolici offshore mostrano come la collaborazione tra nazioni europee possa creare progetti su vasta scala che contribuiscono alla decarbonizzazione dell'intero continente.

Lezioni apprese da fallimenti e criticità affrontate da startup del settore

I fallimenti nel settore delle energie rinnovabili offrono lezioni preziose su come evitare gli errori più comuni. Alcuni casi di fallimento hanno riguardato startup che non sono riuscite a scalare la propria tecnologia o a gestire adeguatamente le complessità operative e regolamentari.

Esempi di fallimenti

- Solyndra: startup statunitense specializzata nella produzione di pannelli solari cilindrici innovativi. Solyndra è fallita nel 2011, nonostante avesse ottenuto ingenti finanziamenti dal governo. Il problema principale è stato il mancato adattamento alla concorrenza dei pannelli fotovoltaici a basso costo provenienti dalla Cina che ha reso la loro tecnologia non competitiva.
- Better Place: startup israeliana che cercava di sviluppare una rete di stazioni di cambio batterie per auto elettriche. Il modello di business si è rivelato insostenibile a causa degli alti costi infrastrutturali e della rapida evoluzione delle tecnologie di ricarica che hanno reso superflua la loro idea di cambio batteria.

Lezioni chiave

- Solyndra ha fallito perché non è stata in grado di competere con i prezzi più bassi del mercato globale. È essenziale che le startup mantengano flessibilità e capacità di adattarsi rapidamente ai cambiamenti;
- Better Place ha mostrato come l'innovazione tecnologica debba essere accompagnata da un modello di business sostenibile a lungo termine e in grado di affrontare i costi infrastrutturali.

Collaborazioni e partnership strategiche per accelerare la crescita

Le collaborazioni strategiche con università, istituzioni di ricerca, governi e aziende consolidate sono un fattore chiave per accelerare lo sviluppo delle startup nel settore delle energie rinnovabili. Le partnership permettono alle startup di accedere a

nuove tecnologie, finanziamenti e competenze che altrimenti non
sarebbero disponibili.

Esempi di collaborazioni

- Tesla e Panasonic: Tesla ha stretto una partnership con
  Panasonic per la produzione di batterie nella Gigafactory in
  Nevada, una collaborazione che ha permesso a Tesla di
  aumentare significativamente la produzione di auto
  elettriche;
- il Consorzio Ocean Energy Europe: questa iniziativa vede
  la collaborazione tra startup, governi e istituzioni di ricerca
  per lo sviluppo e la commercializzazione di tecnologie per
  l'energia oceanica. Le startup che vi partecipano
  beneficiano di finanziamenti, accesso a infrastrutture di test
  e partnership con grandi aziende del settore energetico.

Progettazione e sviluppo di impianti a energie rinnovabili

La progettazione e lo sviluppo di impianti a energie rinnovabili
richiedono una combinazione di competenze tecniche, valutazioni
ambientali e un'attenta gestione dei rischi. Ogni tecnologia, sia
solare, eolica, idroelettrica o basata su biomasse, presenta sfide
uniche e opportunità specifiche.

Guida alla progettazione di impianti solari ed eolici

La progettazione di impianti solari ed eolici richiede una
pianificazione dettagliata per massimizzare l'efficienza e
minimizzare i costi.

Impianti solari

- Posizionamento e orientamento: per i pannelli fotovoltaici,
  l'orientamento a sud e l'inclinazione rispetto all'angolo di
  incidenza del sole sono cruciali per ottimizzare la
  produzione di energia;
- sistemi di accumulo: l'integrazione con sistemi di
  accumulo a batterie è fondamentale per gestire
  l'intermittenza della produzione solare e garantire una
  fornitura continua.

Impianti eolici

- Analisi del vento: è essenziale una valutazione accurata del potenziale eolico tramite anemometri e modelli di simulazione per scegliere i siti con venti costanti e sufficientemente forti;
- scelta delle turbine: le turbine devono essere selezionate in base al profilo del vento locale, considerando aspetti come altezza del mozzo e diametro del rotore per massimizzare la produzione.

Valutazioni tecniche e ambientali per impianti di biomasse e idroelettrici

Gli impianti a biomasse e idroelettrici richiedono valutazioni più complesse dal punto di vista tecnico e ambientale.

Impianti a biomasse

- Disponibilità delle risorse: è essenziale assicurarsi una fornitura costante di biomasse (es. residui agricoli o forestali) per mantenere la continuità della produzione;
- impatto ambientale: gli impianti a biomasse devono rispettare rigorosi standard ambientali per evitare l'eccessivo sfruttamento delle risorse naturali e ridurre le emissioni di inquinanti come NO_x e CO_2.

Impianti idroelettrici

- Valutazione dell'impatto ecologico: gli impianti idroelettrici, specie quelli su grande scala, devono considerare l'impatto sugli ecosistemi acquatici. L'installazione di sistemi di bypass per pesci e di bacini di compensazione aiuta a mitigare gli effetti negativi;
- bilancio idrico: è fondamentale valutare il regime idrico per garantire che l'impianto possa funzionare in modo sostenibile senza esaurire le risorse locali.

Implementazione di soluzioni smart e integrate

L'integrazione di soluzioni smart, come le reti intelligenti (smart grid) e i sistemi di gestione energetica, è essenziale per migliorare l'efficienza degli impianti a energia rinnovabile.

- sistemi di monitoraggio: l'uso di sensori IoT e software di analisi predittiva consente un monitoraggio in tempo reale delle performance degli impianti e una manutenzione proattiva;
- integrazione con reti decentralizzate: le soluzioni basate su blockchain per la gestione delle transazioni energetiche tra produttori e consumatori (es. peer-to-peer) stanno emergendo come nuove modalità per distribuire l'energia in modo più efficiente e sicuro.

Valutazione dei rischi e gestione operativa dei progetti

La gestione dei rischi è una componente cruciale nello sviluppo di impianti rinnovabili che coinvolge l'analisi di variabili economiche, normative e operative:

- rischio di intermittenza: l'implementazione di sistemi di accumulo e la diversificazione delle fonti energetiche aiutano a mitigare il rischio legato all'intermittenza delle fonti rinnovabili;
- rischi normativi: la compliance con le normative nazionali ed europee, e i possibili cambiamenti regolatori, rappresentano una sfida che richiede una costante attenzione.

Capitolo 8
Rapporti con il sistema finanziario

La creazione e lo sviluppo di una startup nel settore delle energie rinnovabili richiedono una gestione accorta delle relazioni con il sistema finanziario. La capacità di ottenere finanziamenti bancari, attrarre investitori privati o accedere ai fondi di venture capital è cruciale per sostenere la crescita e l'espansione. Tuttavia, la natura stessa delle startup green, caratterizzate da investimenti iniziali elevati e tempi di ritorno dell'investimento relativamente lunghi, richiede un approccio altamente strategico nell'interfacciarsi con il sistema finanziario. Questo capitolo approfondisce il modo in cui le startup green possono affrontare il complesso panorama dei finanziamenti, dalla preparazione della documentazione fino alla negoziazione di condizioni favorevoli.

La collaborazione con le banche e il sistema finanziario tradizionale è quindi fondamentale per le startup, specialmente quelle legate alle energie rinnovabili, dove i costi iniziali possono essere significativamente elevati. Ottenere finanziamenti bancari richiede la capacità di presentare un progetto solido, ben strutturato, sostenuto da un business plan credibile e una gestione efficace dei rischi.

Il primo passo per ottenere finanziamenti bancari è presentare una proposta dettagliata e ben documentata. Gli istituti finanziari richiedono una chiara comprensione del progetto, delle sue potenzialità economiche e dei rischi associati. Pertanto, ripeto, una presentazione ben strutturata è essenziale.

Documentazione necessaria

- Business Plan: il business plan è il documento centrale nella presentazione di una startup. Deve includere una descrizione chiara del prodotto o servizio offerto, il modello di business, le previsioni finanziarie a breve e lungo termine e una strategia di marketing definita. Nel caso delle startup green è fondamentale includere dati sulla sostenibilità e sugli impatti ambientali.

Quando si cerca di ottenere un finanziamento da una banca, la presentazione di un business plan solido e ben strutturato è fondamentale. Il business plan non è solo una formalità ma un documento chiave che può determinare il successo o il fallimento della richiesta di finanziamento. La banca, infatti, utilizza questo strumento per valutare la fattibilità e la sostenibilità economica del progetto oltre che per comprendere il livello di rischio legato all'investimento.

Un business plan convincente deve mostrare con chiarezza che l'azienda ha una visione solida, un piano realistico e una buona gestione finanziaria. Deve rispondere alle domande cruciali che ogni istituto di credito si pone: qual è il potenziale di crescita? Quali sono i rischi e come verranno gestiti? Come e in quanto tempo l'azienda riuscirà a rimborsare il finanziamento?

In questo capitolo vi guiderò, attraverso i passaggi chiave, a creare un business plan che catturi l'attenzione della banca e metta in risalto la forza del vostro progetto. Vedremo come strutturare e presentare in modo efficace le informazioni finanziarie, analizzare il mercato e i concorrenti, evidenziare alcuni indici di valutazione qualitativa e quantitativa aziendale in modo da ispirare fiducia nell'istituto di credito e che dimostri contestualmente il basso rischio dell'operazione.

Per rendere più chiaro questo processo vi mostrerò di seguito un esempio di business plan pensato per una richiesta di finanziamento bancario. È importante però sottolineare che la sua stesura deve essere affidata esclusivamente ad un professionista esperto nel settore bancario e con consolidata esperienza nel corporate. Questo esempio vi aiuterà a capire come strutturare ogni sezione in modo da risultare convincente e professionale per la banca.

BUSINESS PLAN

Azienda: GEN GREEN Srl
Data di costituzione: 01/01/2022
Settore: Energie Rinnovabili - Produzione di energia fotovoltaica
Scopo: Ottenimento di un finanziamento di € 450.000 per completare l'impianto fotovoltaico
Data di presentazione: 19/10/2024

Executive Summary

La GEN GREEN Srl è una società operante nel settore delle energie rinnovabili con un focus particolare sul fotovoltaico. Fondata nel 2022, l'azienda ha dimostrato una crescita sostenuta, registrando un fatturato di € 450.000 nel primo anno e € 960.000 nel secondo anno, con utili rispettivamente di € 32.000 e € 74.000. L'azienda impiega 9 dipendenti, tra cui 3 ingegneri, 2 impiegati amministrativi e 4 tecnici operativi.

Progetto

Il business plan è finalizzato all'ottenimento di un finanziamento di € 450.000 per il completamento di un impianto fotovoltaico del valore complessivo di € 650.000, ubicato in provincia di Lecce. L'impianto servirà per coprire il fabbisogno energetico dell'azienda e l'eccedenza sarà venduta alla rete nazionale attraverso il GSE (Gestore dei Servizi Energetici).

Richiesta Finanziaria:
- Investimento Totale per l'impianto: € 650.000
- Capitale già investito: € 200.000
- Finanziamento richiesto: € 450.000

Analisi di Mercato
Il settore delle energie rinnovabili in Italia è in forte espansione, sostenuto da incentivi governativi e dall'impegno a ridurre le emissioni di CO_2 entro il 2030. Il fotovoltaico rappresenta una delle soluzioni più promettenti con un tasso di crescita annuo del 10% dal 2020. L'Italia è al quinto posto in Europa per capacità installata di energia solare, con un potenziale di ulteriore espansione.

Posizione Geografica
L'impianto fotovoltaico di GEN GREEN sorgerà in provincia di Lecce, in Puglia, una delle regioni con il maggior numero di ore di irraggiamento solare in Italia (circa 1.800 ore annue). Ciò garantisce un'elevata efficienza dell'impianto, con una produzione stimata di 850.000 kWh all'anno.

Clientela target e opportunità di vendita
Il fabbisogno energetico dell'azienda sarà coperto al 50% dalla produzione interna mentre l'eccedenza (circa 425.000 kWh annui) sarà ceduta al GSE a un prezzo medio di mercato di € 0,11 per kWh, generando ricavi di € 46.750 all'anno.

Piano Operativo
L'impianto fotovoltaico sarà installato su un terreno di 5.000 mq di proprietà dell'azienda, situato in provincia di Lecce. L'impianto avrà una potenza installata di 500 kWp e sarà composto da pannelli solari di ultima generazione con una durata stimata di 25 anni.

Specifiche Tecniche dell'Impianto:
- Potenza installata: 500 kWp
- Produzione annua stimata: 850.000 kWh
- Costo dell'impianto: € 650.000
- Durata del progetto: 6 mesi per l'installazione e messa in funzione

Struttura Organizzativa

- Ingegneri (3): responsabili della progettazione e gestione dell'impianto fotovoltaico;
- impiegati amministrativi (2): gestione dei rapporti con clienti e fornitori, amministrazione finanziaria;
- tecnici operativi (4): installazione, manutenzione e gestione delle operazioni di campo.

Partner e fornitori

GEN GREEN collabora con fornitori di standing internazionale per i pannelli solari e le componenti elettroniche (inverter, batterie). Le aziende partner sono:

- Fornitore Pannelli Solari: SunPower Corp.
- Fornitore Inverter: SMA Solar Technology AG.

Piano Finanziario
Proiezione Fatturato (2025-2027)

Anno	Fatturato (€)	Utile Netto (€)	Ricavi da Cessione Energia (€)	Riduzione Costi Energetici (€)
2025	1.150.000	110.000	46.750	50.000
2026	1.300.000	135.000	48.500	52.500
2027	1.450.000	160.000	50.500	55.000

Assunzioni:
- prezzo di vendita dell'energia stabile a € 0,11/kWh.
- incremento del fatturato aziendale del 10% annuo, dovuto all'efficienza energetica e nuove opportunità di business.

Costi dell'Impianto e Piano di Investimento

Voce di Costo	Importo (€)
Pannelli Fotovoltaici	400.000
Inverter e Cablaggi	100.000
Installazione	50.000
Manutenzione iniziale	20.000

Voce di Costo	Importo (€)
Spese Amministrative	30.000
Totale	650.000

Piano di Finanziamento

- capitale proprio investito: € 200.000
- finanziamento richiesto: € 450.000 (finanziamento a medio termine, 5 anni, tasso del 2,5%)
-

Piano di Ammortamento

- durata del finanziamento: 5 anni
- tasso d'interesse: 2,5%
- rata mensile stimata: € 7.972
- ricavi da cessione energia: utilizzati per coprire parte delle rate del finanziamento (circa €46.750/anno).

Analisi SWOT

Punti di Forza

- Azienda con comprovata solidità finanziaria e crescita costante.
- Posizione geografica ottimale per l'energia solare.
- Collaborazioni con fornitori internazionali di alto livello.

Punti di Debolezza

- Elevato capitale iniziale richiesto per l'impianto fotovoltaico.
- Dipendenza dai prezzi di mercato dell'energia.

Opportunità

- Crescente domanda di energia rinnovabile in Italia.
- Possibilità di accedere a incentivi governativi per impianti rinnovabili.
- Potenziale espansione in altri settori delle energie rinnovabili.

Minacce

- Possibili variazioni delle tariffe per la cessione dell'energia.
- Rischi legati alla manutenzione e all'efficienza dell'impianto nel lungo periodo.

Indici bancari qualitativi e quantitativi

Per convincere la banca a finanziare il progetto di GEN GREEN Srl, è fondamentale fornire una serie di indici che riflettano la solidità finanziaria e la sostenibilità del progetto nel tempo. Questi indici offrono una visione chiara della capacità dell'azienda di generare reddito e di rimborsare il finanziamento richiesto.

Indici di liquidità

Gli indici di liquidità misurano la capacità dell'azienda di far fronte agli impegni a breve termine. Una buona liquidità è fondamentale per rassicurare la banca sulla stabilità dell'impresa e la sua capacità di rispettare le scadenze di pagamento.

- Current Ratio (Indice di liquidità corrente) Il Current Ratio è calcolato come il rapporto tra le attività correnti e le passività correnti. Un valore superiore a 1 indica che l'azienda è in grado di coprire i propri debiti a breve termine.

Current Ratio = 1,82

Interpretazione: un valore di 1,82 indica una buona capacità dell'azienda di coprire i propri obblighi a breve termine.

- Quick Ratio (Indice di liquidità secca) Questo indicatore misura la capacità dell'azienda di coprire le passività correnti con le sue attività più liquide (escludendo le rimanenze). Valori superiori a 1 sono generalmente considerati positivi.

Quick Ratio = 1,59

Interpretazione: l'azienda ha una buona riserva di liquidità, il che rassicura ulteriormente la banca sulla sua solvibilità.

Indici di Redditività

Questi indici mostrano la capacità dell'azienda di generare profitto e reddito nel tempo, elemento cruciale per la banca per valutare la sostenibilità finanziaria del prestito.

- ROI (Return on Investment)
  Il ROI misura la redditività operativa dell'azienda rispetto al capitale investito. Indica quanto profitto genera l'azienda per ogni euro investito.

  ROI = Reddito Operativo Capitale Investito = 12,94%

  Interpretazione: un ROI del 12,94% rappresenta una redditività operativa solida, superiore alla media del settore delle energie rinnovabili, che si attesta intorno all'8-10%.

- ROE (Return on Equity)
  L'ROE misura la redditività netta rispetto al capitale proprio.

  ROE=Utile Netto = 26,19%

  Interpretazione: un ROE del 26,19% indica che l'azienda sta utilizzando efficacemente il proprio capitale per generare profitti, dimostrando una solida gestione finanziaria.

Indici di Indebitamento

Gli indici di indebitamento aiutano a capire quanto l'azienda dipenda da finanziamenti esterni e se può sostenere ulteriori debiti.

- Debt to Equity (Rapporto Debiti/Capitale Proprio)
  Questo indice misura quanto l'azienda si finanzia attraverso il debito rispetto al capitale proprio. Un valore inferiore a 1 indica una struttura finanziaria equilibrata e un basso rischio di insolvenza.

  Debt to Equity = 0,52

Interpretazione: il rapporto debiti/capitale proprio di 0,52 indica che l'azienda ha una buona autonomia finanziaria e che non è eccessivamente indebitata.

- Debt Service Coverage Ratio (DSCR)
  Il DSCR misura la capacità dell'azienda di coprire il servizio del debito (rate del finanziamento) con i flussi di cassa operativi. Un valore superiore a 1 indica che l'azienda è in grado di generare flussi di cassa sufficienti per coprire il debito.

DSCR = 1,67

Interpretazione: con un DSCR di 1,67, l'azienda è più che in grado di coprire le rate del finanziamento richiesto.

Indici di Efficienza

Questi indici misurano l'efficienza dell'azienda nella gestione delle risorse, in particolare i tempi di incasso dai clienti e i tempi di pagamento ai fornitori.

- Giro dei Crediti (Days Sales Outstanding - DSO)
  Questo indice misura il tempo medio impiegato dall'azienda per riscuotere i crediti dai clienti. Un valore inferiore a 60 giorni è considerato positivo.

DSO = 38 giorni

Interpretazione: GEN GREEN Srl riscuote i crediti dai clienti in un tempo molto inferiore rispetto alla media del settore (circa 60 giorni), dimostrando un'ottima efficienza nella gestione del capitale circolante.

- Giro dei Debiti (Days Payable Outstanding - DPO)
  Questo indice misura il tempo medio che l'azienda impiega per pagare i fornitori. Un valore superiore a 30 giorni è generalmente considerato positivo, poiché indica una buona gestione della liquidità aziendale.

DPO = 68 giorni

Interpretazione: GEN GREEN Srl ha un buon rapporto con i fornitori, riuscendo a negoziare termini di pagamento lunghi, che contribuiscono a mantenere una buona liquidità aziendale.

Garanzia di un Confidi (Consorzio di Garanzia Fidi)
Per ridurre ulteriormente il rischio percepito dalla banca, GEN GREEN Srl ha deciso di richiedere la garanzia di un Confidi per coprire l'80% dell'importo del finanziamento richiesto (€ 450.000).
- Valore della Garanzia: € 360.000 (80% del finanziamento)
- Rischio effettivo per la banca: € 90.000

Questa garanzia coprirà il rischio residuo della banca in caso di insolvenza, riducendo drasticamente l'esposizione al rischio e rendendo il prestito più sicuro.

A questo proposito è indispensabile che vi spieghi perché in questa specifica richiesta di finanziamento, oltre che la garanzia Cofidi, subentri anche la controgaranzia dei MCC (Medio Credito Centrale).

La controgaranzia di Mediocredito Centrale è indispensabile per le aziende che richiedono una garanzia da un consorzio di garanzia fidi (Cofidi) per alcune ragioni chiave:
Aumenta la fiducia degli istituti di credito
- la controgaranzia di Mediocredito Centrale (MCC) offre un'ulteriore protezione all'istituto di credito, riducendo il rischio di insolvenza da parte dell'azienda richiedente. La presenza di MCC garantisce una copertura pubblica aggiuntiva, rendendo la concessione del finanziamento più sicura per la banca.
- Questo passaggio aiuta a convincere le banche a concedere finanziamenti a imprese che potrebbero non avere le garanzie finanziarie tradizionali o un profilo di rischio ottimale, ma che sono comunque considerate meritevoli di supporto.

Rende il credito più accessibile e meno costoso

- con una controgaranzia di MCC, l'impresa riduce il rischio percepito dagli istituti finanziari, che possono quindi offrire condizioni di finanziamento più favorevoli, come tassi di interesse più bassi o una maggiore durata del prestito.
- Cofidi, essendo già un intermediario finanziario che presta garanzie alle aziende, vede rafforzato il proprio ruolo grazie al supporto di MCC. Questo, a sua volta, consente ai Cofidi di garantire un volume maggiore di credito, con effetti positivi sulla liquidità e sulla sostenibilità delle PMI.

Supporta il settore delle PMI e promuove
la crescita economica

- l'accesso a capitali agevolati e a garanzie facilita gli investimenti da parte delle piccole e medie imprese, che sono spesso considerate più rischiose dalle banche tradizionali. La controgaranzia MCC diventa così un elemento che favorisce lo sviluppo economico e occupazionale, particolarmente in settori che necessitano di maggior supporto.
- Questo tipo di garanzia supporta soprattutto le aziende che hanno un potenziale di crescita ma non dispongono di asset sufficienti da offrire come garanzia diretta per i finanziamenti.

Semplifica l'accesso al Fondo di Garanzia per le PMI

- Mediocredito Centrale è gestore del Fondo di Garanzia per le PMI in Italia. L'accesso a questo Fondo tramite la controgaranzia è uno strumento utile per le aziende, che riescono così ad accedere a fondi statali con garanzie molto solide.
- Per le imprese che richiedono un supporto tramite Cofidi, questa controgaranzia rappresenta un aiuto diretto e semplificato per accedere al Fondo, rendendo la procedura di richiesta del finanziamento più snella e con un iter burocratico ridotto.

Riduce il rischio di perdita per i Cofidi

- i Cofidi, che operano come garanti, potrebbero incorrere in rischi elevati se l'azienda non fosse in grado di rimborsare il prestito. La controgaranzia di MCC riduce il rischio per i Cofidi stessi, permettendo loro di sostenere un numero

maggiore di imprese senza compromettere la propria
stabilità finanziaria.
- Con MCC come partner, i Cofidi sono quindi meno esposti,
e questo consente loro di assumere un ruolo più ampio nel
supporto alle PMI.

In sintesi, la controgaranzia di Mediocredito Centrale è essenziale
perché:
- rafforza la fiducia degli istituti bancari,
- migliora le condizioni economiche del prestito,
- sostiene il sistema economico delle PMI,
- semplifica l'accesso al Fondo di Garanzia,
- riduce i rischi per i Cofidi, che possono così supportare più
aziende.

Questi elementi rendono la controgaranzia uno strumento chiave
per facilitare il credito alle PMI italiane.

Conclusioni

Abbiamo visto che gli indici finanziari sopra riportati
dimostrano che la GEN GREEN Srl ha una struttura finanziaria
solida, una buona liquidità e una redditività ben sopra la media di
mercato. L'azienda gestisce efficacemente il proprio capitale
circolante e i rapporti con clienti e fornitori con un basso livello di
indebitamento e un'ottima capacità di servizio del debito.

L'inclusione della garanzia del Confidi all'80% e
controgaranzia MCC riducono notevolmente il rischio per la
banca, rendendo questo progetto un'opportunità sicura e a basso
rischio. Con una solida struttura patrimoniale, un piano finanziario
dettagliato e proiezioni positive per il futuro, la GEN GREEN Srl
rappresenta un candidato ideale per il finanziamento richiesto.

L'esempio di business plan su riportato è un contributo valido e
concreto, frutto della mia personale competenza bancaria acquisita
in oltre trent'anni di esperienza in un istituto di credito di
importanza internazionale e della mia professionalità consolidata
nel settore.

Questo dimostra chiaramente quanto sia fondamentale il
business plan nel processo decisionale bancario. Da un punto di
vista tecnico, un piano dettagliato e coerente offre ai finanziatori

tutti gli strumenti necessari per valutare non solo la fattibilità del progetto ma anche la solidità della gestione finanziaria e la capacità di rimborso.

La sua rilevanza, come evidenziato, va oltre la semplice descrizione dell'idea imprenditoriale, poiché include l'abilità di prevedere i rischi, gestire i flussi di cassa e pianificare strategie di crescita sostenibile, elementi cruciali per determinare l'accoglimento o il rifiuto di una richiesta di finanziamento.

È bene sottolineare che nella valutazione di una richiesta di finanziamento bancario, altri diversi elementi chiave giocano un ruolo determinante per il successo dell'approvazione. Ogni banca si concentra su criteri precisi che riflettono la solidità finanziaria e la capacità gestionale dell'impresa, nonché la sostenibilità del progetto nel lungo termine. Di seguito, esploriamoli insieme:

- analisi dei flussi di cassa: le banche sono particolarmente attente alla capacità dell'impresa di generare flussi di cassa positivi. Una proiezione accurata dei flussi di cassa, considerando i costi iniziali elevati e il possibile tempo necessario per il break-even, è cruciale per dimostrare la sostenibilità finanziaria della startup;
- valutazione dei rischi: è essenziale presentare un'analisi dettagliata dei rischi tecnici, normativi e di mercato associati al progetto. Un piano di gestione dei rischi dimostra alla banca che l'azienda ha preso in considerazione possibili difficoltà e ha sviluppato strategie per mitigarle;
- presentazione dei benefici ambientali: poiché le banche e gli istituti finanziari sono sempre più orientati verso investimenti ESG (ambientali, sociali e di governance), è utile sottolineare l'impatto positivo della startup sulla sostenibilità ambientale;
- esperienze precedenti: se la startup è guidata da imprenditori con una comprovata esperienza nel settore, è importante evidenziarlo. La fiducia nelle competenze del management può influire positivamente sulla valutazione del rischio da parte della banca.

Altri strumenti finanziari disponibili: prestiti, leasing e venture capital

Esistono diversi strumenti finanziari che le startup nel settore delle energie rinnovabili possono sfruttare per finanziare i propri progetti. La scelta dello strumento giusto dipende dal tipo di attività, dall'orizzonte temporale e dalle esigenze finanziarie dell'azienda.

Prestiti Bancari

I prestiti bancari tradizionali rappresentano una delle opzioni più comuni. Tuttavia, per le startup green, le banche potrebbero richiedere garanzie particolari o tassi d'interesse più elevati a causa dei rischi percepiti nel settore.

- Prestiti a medio-lungo termine: adatti per finanziare investimenti iniziali come l'acquisto di impianti e attrezzature, questi prestiti consentono alle startup di finanziare infrastrutture a lungo ciclo di vita, come pannelli solari o turbine eoliche.

Leasing

Il leasing è particolarmente vantaggioso per le startup che devono acquisire attrezzature costose senza dover sostenere immediatamente l'intero costo di acquisto.

- Leasing operativo: consente di utilizzare impianti fotovoltaici o eolici senza doverli acquistare. Questo strumento permette alle startup di mantenere liquidità mentre sfruttano l'energia prodotta per generare entrate.

Venture Capital

Il venture capital è uno strumento particolarmente rilevante per le startup che mirano a una rapida crescita e a sviluppare tecnologie innovative. I fondi di venture capital investono in aziende ad alto potenziale di crescita, anche se il rischio è elevato.

- Equity financing: in cambio di una quota di partecipazione nel capitale della startup, i venture capitalist forniscono finanziamenti significativi e spesso offrono anche supporto manageriale e strategico.

Le startup possono trarre vantaggio dalla combinazione di prestiti bancari e venture capital per finanziare diverse fasi di crescita, bilanciando il rischio e ottimizzando la liquidità.

È importante in ogni caso mantenere un giusto equilibrio tra debito ed equity evitando di sovraccaricare l'azienda con debiti eccessivi che potrebbero influire sulla sua capacità di crescere.

Il ruolo degli investitori privati e delle piattaforme di crowdfunding

Gli investitori privati e le piattaforme di crowdfunding rappresentano un'importante alternativa ai finanziamenti bancari tradizionali, specialmente per le startup green che puntano a soluzioni innovative e hanno difficoltà a ottenere credito tradizionale.

Investitori Privati

Gli investitori privati, come i business angels, possono offrire capitale in cambio di una quota di partecipazione o di altri benefici finanziari. Essi tendono a investire in startup che offrono tecnologie innovative e sostenibili.

- Business Angels: spesso investono in fasi iniziali di sviluppo della startup. Oltre al capitale possono fornire consulenza strategica e supporto manageriale contribuendo all'espansione della startup.

Crowdfunding

Le piattaforme di equity crowdfunding sono un'opzione popolare per raccogliere fondi da un gran numero di piccoli investitori. Il crowdfunding può essere particolarmente utile per le startup green che beneficiano di un forte supporto della comunità e che possono contare su consumatori disposti a sostenere il progetto.

- Piattaforme come Seedrs o Crowdcube: consentono alle startup di presentare i loro progetti direttamente a un pubblico di piccoli investitori, riducendo la dipendenza dalle banche.

Oltre a raccogliere fondi, il crowdfunding permette alle startup di ottenere visibilità e creare una base di clienti che crede nella mission aziendale. Non bisogna mai dimenticare che scegliere investitori privati con esperienza nel settore delle energie rinnovabili può aiutare a superare sfide operative e tecniche.

Come negoziare condizioni favorevoli per i finanziamenti bancari

Personalmente mi permetto di evidenziare che la negoziazione delle condizioni di finanziamento con le banche rappresenta un passaggio cruciale per assicurare che i costi associati al finanziamento non soffochino le prospettive di crescita della startup stessa. È essenziale che l'impresa non si limiti ad accettare passivamente le condizioni proposte ma che valuti attentamente tassi di interesse, tempi di rimborso ed eventuali garanzie richieste.

Un approccio strategico alla negoziazione permette di ottenere condizioni più favorevoli preservando la liquidità necessaria per investimenti futuri e garantendo un margine operativo sufficiente per sostenere lo sviluppo del business nel lungo termine.

Vediamo quindi quali sono i punti chiave da negoziare con attenzione:

- tasso d'interesse: sebbene le startup green possano affrontare tassi d'interesse più elevati a causa dei rischi percepiti, è possibile negoziare condizioni migliori presentando garanzie o assicurando flussi di cassa stabili;
- periodo di standby: qualora possa essere possibile negoziare un periodo di "attesa" durante il quale non si pagano rate del prestito può essere utile nelle fasi iniziali, quando i ricavi non sono ancora stabili;
- durata del prestito: per progetti con un ciclo di ritorno dell'investimento lungo, è possibile negoziare prestiti a lungo termine che consentano di ammortizzare i costi in maniera più sostenibile.

Tuttavia, voglio suggerire che, oltre alla negoziazione delle condizioni di finanziamento, è altrettanto importante valutare attentamente la tipologia di finanziamento più adatta alle proprie esigenze aziendali. Non tutte le forme di credito sono ugualmente vantaggiose e scegliere lo strumento finanziario sbagliato potrebbe compromettere la liquidità o la flessibilità operativa dell'impresa.

Pertanto, consiglio sempre di considerare le soluzioni finanziarie alternative precedentemente elencate e ultimamente anche i Fondi finalizzati alle energie rinnovabili.

Fondi d'investimento per le startup innovative e sostenibili
Negli ultimi anni, l'attenzione verso le energie rinnovabili e la sostenibilità ha portato alla creazione di numerosi fondi d'investimento focalizzati su startup green. Questi fondi cercano aziende che possano scalare velocemente e avere un impatto positivo sull'ambiente.

Fondi di Venture Capital
I fondi di venture capital investono principalmente in aziende con alto potenziale di crescita, anche se comportano un alto rischio. Nel settore delle energie rinnovabili tali fondi sono particolarmente interessati a tecnologie innovative come le batterie di accumulo di energia, l'intelligenza artificiale per l'ottimizzazione delle reti energetiche e nuove fonti di energia pulita.

- Esempio: Il fondo Breakthrough Energy Ventures, creato da Bill Gates, investe in tecnologie energetiche rivoluzionarie che possono ridurre significativamente le emissioni di gas serra.

Fondi di Private Equity
I fondi di private equity tendono a investire in aziende già affermate ma che necessitano di risorse per espandersi ulteriormente o per operazioni di buyout.

- Esempio: Il fondo KKR Global Impact investe in imprese che offrono soluzioni scalabili per la sostenibilità ambientale, come la generazione di energia pulita e la gestione efficiente delle risorse.

Come attrare investitori: il pitch perfetto per una startup green

Attrarre investitori privati e fondi di venture capital richiede la capacità di presentare un pitch (*) efficace, che evidenzi il potenziale di crescita dell'azienda, l'impatto positivo sull'ambiente e la strategia a lungo termine.

(*) il pitch è una presentazione concisa e persuasiva progettata per comunicare l'idea, il valore e il potenziale di un'azienda che opera nel settore della sostenibilità ambientale. L'obiettivo del pitch è convincere potenziali investitori, partner o clienti a supportare o investire nella startup.

Elementi fondamentali di un pitch di successo

- chiarezza della visione: gli investitori cercano aziende che abbiano una visione chiara e ambiziosa del futuro. Nel caso delle startup green è importante sottolineare come l'azienda intenda contribuire alla transizione energetica e alla sostenibilità;
- prospettive di scalabilità: il pitch deve dimostrare che l'azienda ha il potenziale per scalare rapidamente il mercato. Ciò può includere un'analisi del mercato globale, delle tecnologie differenzianti e della strategia di espansione geografica;
- team esperto: un team con competenze tecniche e manageriali forti è uno degli elementi più importanti per attrarre investitori. I fondi VC e PE cercano team con esperienza e una solida competenza del settore.

Gli investitori sono più propensi a finanziare startup che hanno già dimostrato un certo grado di successo, come prototipi funzionanti, primi contratti commerciali o partnership strategiche. In definitiva vogliono vedere che la startup ha un piano solido per affrontare le sfide e i rischi, inclusi quelli normativi e tecnologici.

Casi Studio: esperienze di successo con investitori privati

Next Kraftwerke

Next Kraftwerke è un esempio eccellente di una startup che ha attratto investitori privati grazie alla sua innovativa piattaforma per la gestione delle energie rinnovabili. Fondata in Germania, la startup ha creato una centrale elettrica virtuale che collega piccole e medie centrali elettriche per ottimizzare la produzione e la distribuzione di energia. Grazie al suo approccio tecnologico avanzato ha attratto finanziamenti significativi da fondi di venture capital e ha accelerato la sua crescita internazionale.

Sonnen

Sonnen, un'azienda tedesca che produce sistemi di accumulo di energia per uso domestico, è un altro esempio di successo. Attraverso una serie di round di finanziamento con venture capital e investitori privati Sonnen è cresciuta rapidamente fino a diventare uno dei leader nel settore delle batterie domestiche. Il suo successo è stato facilitato dall'elevata domanda di soluzioni per l'accumulo energetico e dalla capacità di attrarre investitori che credono nella transizione energetica verso l'energia distribuita.

Progetto " Bari Green Smart City"

Bari Green Smart City è una mia proposta progettuale fondata sulla mia consolidata esperienza e professionalità nel settore. Essa ambisce a rappresentare un modello di integrazione delle energie rinnovabili nel sistema energetico urbano, con significativi vantaggi ambientali ed economici. Questa iniziativa si potrà sviluppare con una collaborazione di un ampio network di partner strategici, tra cui il Politecnico di Bari, noto per la sua esperienza in ricerca avanzata, il Distretto produttivo La Nuova Energia, rappresentativo delle PMI nel settore energetico e le istituzioni locali e regionali come il Comune di Bari e la Regione Puglia. A questi si aggiungerebbero importanti aziende energetiche, centri di ricerca nazionali e internazionali, oltre a start-up e spin-off innovativi nel campo delle tecnologie verdi, con un coinvolgimento attivo della cittadinanza.

Il progetto, qualora realizzato, potrebbe trasformare Bari in un esempio di sostenibilità urbana con l'installazione di impianti fotovoltaici, sistemi di accumulo energetico e una rete capillare di stazioni di ricarica per veicoli elettrici.

Questa infrastruttura sostenibile mirerebbe non solo a soddisfare il fabbisogno energetico della città ma anche a promuovere una cultura della sostenibilità, trasformando Bari in un centro di eccellenza per la ricerca e lo sviluppo delle tecnologie green. La proposta inoltre potrebbe attrarre investitori pubblici e privati interessati a contribuire alla transizione ecologica e a una crescita economica sostenibile.

Visione

Il progetto prevede delle fasi step by step partendo dalla riqualificazione del Rione Poggiofranco.

Questo quartiere, caratterizzato da un mix di edifici residenziali, commerciali e spazi verdi, rappresenta un'area strategica per sperimentare soluzioni innovative e creare un nuovo modello di sviluppo urbano.

Obiettivi

Riqualificazione urbana:

- o recupero e valorizzazione degli spazi pubblici: creazione di parchi, piazze e percorsi pedonali;
- o ristrutturazione degli edifici esistenti con criteri di sostenibilità energetica (isolamento termico, impianti fotovoltaici, ecc.);
- o promozione dell'edilizia sostenibile per le nuove costruzioni.

Mobilità sostenibile:

o realizzazione di monorotaia sopraelevata "Iperion Smart City" per il potenziamento del trasporto pubblico locale con anche l'introduzione di mezzi elettrici;
o ampliamento della rete ciclabile e pedonale;
o realizzazione di parcheggi scambiatori e promozione della mobilità condivisa;
o limitazione del traffico privato nelle zone centrali.

Energia pulita:

o installazione di impianti fotovoltaici su edifici pubblici e privati;
o promozione delle comunità energetiche;
o utilizzo di fonti di energia rinnovabile per il riscaldamento e il raffreddamento degli edifici.

Gestione intelligente dei rifiuti:

o introduzione della raccolta differenziata porta a porta;
o implementazione di sistemi di compostaggio e riciclaggio;
o riduzione della produzione di rifiuti attraverso politiche di prevenzione.

Connessione digitale:

o espansione della copertura della rete internet ad alta velocità;
o installazione di sensori per il monitoraggio ambientale e la gestione dei servizi urbani;
o creazione di una piattaforma digitale per la partecipazione dei cittadini alla vita della città.

Fase di pianificazione:

o analisi del contesto urbano e sociale del Rione Poggiofranco;
o definizione degli obiettivi specifici e degli indicatori di performance;
o elaborazione del piano di intervento dettagliato.

Fase di progettazione:
- o progettazione degli interventi urbanistici, architettonici e ingegneristici;
- o selezione delle tecnologie più adatte.

Fase di realizzazione:
- o esecuzione dei lavori di riqualificazione;
- o installazione delle infrastrutture tecnologiche.

Fase di monitoraggio e valutazione:
- o raccolta e analisi dei dati per valutare l'efficacia degli interventi;
- o adeguamento del piano di intervento in base ai risultati ottenuti.

Benefici attesi:
- miglioramento della qualità della vita: aumento degli spazi verdi, riduzione dell'inquinamento, maggiore sicurezza;
- sviluppo economico: creazione di nuove opportunità di lavoro nel settore della sostenibilità e dell'innovazione;
- attrattività turistica: valorizzazione del patrimonio culturale e naturale del territorio.
- resilienza ai cambiamenti climatici: riduzione dell'impatto ambientale e aumento della capacità di adattamento ai cambiamenti climatici.

Espansione a tutta la città:
Il progetto pilota nel Rione Poggiofranco rappresenta un primo passo verso la trasformazione di tutta Bari in una città sostenibile. I risultati ottenuti in questa prima fase saranno fondamentali per definire una strategia di espansione a tutta la città, coinvolgendo tutti i quartieri e i cittadini.

Stima di massima per il progetto di riqualificazione del Rione Poggiofranco con monorotaia sopraelevata "Iperion Smart City"

Fornire una stima precisa per un progetto di tale portata è estremamente complesso e richiede uno studio di fattibilità dettagliato. Tuttavia, possiamo fornire una stima di massima, considerando i vari fattori in gioco e basandoci su dati di progetti simili.

Elementi di costi principali:

- Riqualificazione urbana del Rione Poggiofranco:
  - recupero e valorizzazione degli spazi pubblici: creazione di parchi, piazze, percorsi pedonali;
  - ristrutturazione degli edifici esistenti con criteri di sostenibilità energetica;
  - realizzazione di nuove infrastrutture (fognature, illuminazione, ecc.).
  - Stima: da 100 a 500 milioni di euro.
- Monorotaia sopraelevata Iperion (12 km):
  - progettazione, costruzione e attrezzature: da 600 a 1800 milioni di euro;
  - stazioni: da 100 a 300 milioni di euro;
  - veicoli: da 100 a 300 milioni di euro;
  - sistemi di controllo e alimentazione: da 50 a 150 milioni di euro.
- Altri costi:
  - studi di fattibilità, progettazione e direzione lavori;
  - acquisizione dei terreni;
  - permessi e autorizzazioni;
  - imprevisti.

Stima complessiva

Considerando tutti gli elementi sopra elencati, è possibile stimare un costo complessivo per il progetto che varia tra 1,2 e 3,5 miliardi di euro.

È fondamentale sottolineare che questa è una stima estremamente approssimativa e che il costo finale può variare significativamente in base a numerosi fattori come:

- caratteristiche del territorio: presenza di vincoli ambientali, necessità di demolizioni, ecc.;
- tecnologie utilizzate: scelta di materiali e tecnologie più o meno innovative;
- numero di stazioni, lunghezza delle gallerie, ecc.;
- contesto economico: variazioni dei prezzi dei materiali e della manodopera;
- finanziamenti: esistenza di fondi europei, nazionali o regionali che possono coprire una parte dei costi.

Realizzazione della Smart City di Bari

La Smart City di Bari si propone di creare un ambiente urbano all'avanguardia, dove la tecnologia, la sostenibilità e il benessere sociale si integrano in un modello di vita innovativo. Questo progetto ambizioso mira a rivoluzionare la qualità della vita dei cittadini, promuovendo un utilizzo intelligente delle risorse e un'interazione armoniosa tra le persone e l'ambiente. Come abbiamo visto, la progettualità sarà caratterizzata da aree residenziali, commerciali e ricreative che incorporano tecnologie avanzate per una gestione sostenibile e innovativa.

Le sue abitazioni saranno progettate con un focus sulla sostenibilità e l'efficienza energetica. Gli edifici saranno dotati di:
- pannelli fotovoltaici: ogni abitazione sarà equipaggiata con impianti solari per la produzione autonoma di energia;
- materiali eco-sostenibili: utilizzo di materiali riciclati e sostenibili nella costruzione per minimizzare l'impatto ambientale.
- sistemi di riscaldamento e raffreddamento: installazione di pompe di calore e sistemi di ventilazione meccanica controllata per ottimizzare il comfort abitativo;
- domotica: tecnologie smart per la gestione automatizzata dell'illuminazione, del riscaldamento e della sicurezza, che consentiranno ai residenti di monitorare e controllare i propri consumi energetici.

La Smart City sarà caratterizzata da un'abbondanza di spazi verdi, come:

- giardini verticali su edifici e creazione di orti urbani condivisi per promuovere l'agricoltura sostenibile;
- spazi verdi attrezzati per attività ricreative, con aree giochi, percorsi ciclabili e spazi per eventi culturali;
- rete di percorsi sicuri e accessibili che incoraggeranno l'uso della bicicletta e il camminare, riducendo la dipendenza dai veicoli a motore.

Mobilità e trasporti

Si adotterà un sistema di mobilità che punta a zero emissioni, comprendente:
- la implementazione di una flotta di veicoli elettrici per il trasporto pubblico, con stazioni di ricarica dislocate in tutto il territorio urbano;
- la promozione di servizi di car sharing con veicoli elettrici, rendendo la mobilità accessibile e sostenibile;
- uso di autobus elettrici e a idrogeno, dotati di sistemi di monitoraggio in tempo reale per l'ottimizzazione dei percorsi.

Robotica e intelligenza artificiale

L'uso di robot e intelligenza artificiale sarà centrale nella gestione della Smart City:

- robot e droni saranno impiegati per monitorare il traffico urbano, ottimizzando i flussi e prevenendo ingorghi grazie a sistemi di intelligenza artificiale che analizzano i dati in tempo reale;
- l'impiego di droni per la sorveglianza garantirà la sicurezza dei cittadini, mentre robot autonomi potranno pattugliare le aree pubbliche per un rapido intervento in caso di emergenze.

Esperienza abitativa

La vita nelle abitazioni sarà caratterizzata da comfort e interconnessione:
- le case saranno dotate di assistenti vocali e applicazioni per la gestione della casa, consentendo il monitoraggio di consumi e la gestione delle attrezzature domestiche;
- piattaforme digitali faciliteranno l'interazione tra i residenti, promuovendo iniziative locali e attività comunitarie, come eventi di pulizia o mercati contadini.

Spazi ricreativi futuristici

Saranno offerti molteplici opportunità per il tempo libero:
- aree pubbliche dedicate a eventi culturali, concerti e festival, con spazi per artisti locali e attività artistiche;
- il litorale di Bari sarà valorizzato attraverso interventi di bonifica e infrastrutture che garantiscono l'accessibilità alle spiagge, creando spazi per il relax e attività nautiche.

Strutture abitative di lusso

In parallelo alle abitazioni sostenibili, saranno sviluppate strutture residenziali di lusso che offriranno:

- edifici progettati da architetti di fama internazionale, con finiture di alta qualità e servizi esclusivi;
- servizi come spa, palestre e aree comuni che promuovono uno stile di vita salutare e sostenibile;
- anche queste strutture adotteranno tecnologie verdi, come sistemi di raccolta dell'acqua piovana e spazi verdi privati.

Mare pulito e attività acquatiche

Il progetto oltre che la riqualificazione del Rione Poggiofranco prevede interventi di bonifica delle acque marine per garantire un mare pulito e accogliente per l'intera popolazione effettuando:

- l'implementazione di sistemi di depurazione avanzati e barriere ecologiche per ridurre l'inquinamento e proteggere la biodiversità marina;
- la creazione di infrastrutture per sport acquatici e attività ricreative, come kayak e paddleboard, in un contesto di rispetto ambientale.

Conclusioni

Il progetto di riqualificazione del Rione Poggiofranco con l'introduzione di una monorotaia sopraelevata Iperion rappresenta un'opportunità unica per trasformare Bari in una città via via più sostenibile, efficiente e attrattiva. Nonostante l'investimento iniziale sia considerevole, i benefici a lungo termine in termini di miglioramento della qualità della vita, sviluppo economico e riduzione dell'impatto ambientale superano di gran lunga i costi.

È fondamentale sottolineare che la stima dei costi fornita è puramente indicativa e pertanto soggetta a variazioni in base a numerosi fattori. Un'analisi di fattibilità dettagliata, condotta da esperti del settore, sarà necessaria per definire con precisione i costi e i tempi di realizzazione del progetto.

Inoltre, desidero sottolineare che tutta la parte progettuale va affidata a professionisti competenti come ingegneri, architetti e consulenti specializzati nel settore delle infrastrutture e della mobilità sostenibile per garantire la qualità e l'efficienza del progetto stesso.

Capitolo 9
Le comunità energetiche e la sostenibilità economica

Una comunità energetica è un gruppo di persone, imprese, enti pubblici o una combinazione di questi, che si uniscono per produrre, consumare e condividere energia elettrica proveniente da fonti rinnovabili. In sostanza, è un modello di produzione e consumo di energia più sostenibile e democratico che si basa sulla collaborazione e sulla partecipazione attiva dei cittadini.

Come funziona una comunità energetica

- i membri della comunità investono in impianti di produzione di energia rinnovabile, come pannelli fotovoltaici o piccole turbine eoliche;
- l'energia prodotta viene consumata direttamente dai membri della comunità, riducendo la dipendenza dalla rete elettrica tradizionale;
- l'energia può essere scambiata tra i membri della comunità, in base alle loro necessità e disponibilità;
- l'obiettivo principale è massimizzare l'autoconsumo dell'energia prodotta, riducendo così le spese energetiche e le emissioni di CO_2.
-

I vantaggi delle comunità energetiche

- riducono le emissioni di gas serra e promuovono l'utilizzo di fonti energetiche pulite;
- consentono di risparmiare sui costi energetici e possono generare nuovi posti di lavoro;
- riducono la dipendenza dalle grandi compagnie energetiche e aumentano l'autonomia energetica dei territori;
- favoriscono un maggiore coinvolgimento dei cittadini nella produzione e nel consumo di energia;
- possono contribuire allo sviluppo economico e sociale dei territori in cui sono attive.

Chi può far parte di una comunità energetica

Possono far parte di una comunità energetica:

- singoli individui o gruppi di famiglie;
- piccole e medie imprese di ogni settore;
- comuni, scuole, ospedali;
- cooperative, organizzazioni non profit.

Normativa e incentivi economici per le comunità energetiche

La normativa sulle comunità energetiche è in continua evoluzione ma in generale offre un quadro favorevole allo sviluppo di queste iniziative. Gli incentivi economici, inoltre, sono volti a stimolare la creazione e la crescita di queste comunità.

Normativa

La normativa italiana sulle comunità energetiche è stata definita dal Decreto Milleproroghe 2021 (D.L. 24 dicembre 2020, n. 172) e ulteriormente precisata da successivi decreti e circolari. La normativa europea, inoltre, fornisce un quadro di riferimento generale, incoraggiando lo sviluppo delle comunità energetiche.

Requisiti fondamentali per costituire una comunità energetica:

- la comunità deve avere come scopo principale la produzione e il consumo di energia elettrica da fonti rinnovabili per i propri membri;
- i membri della comunità devono essere situati in un'area geografica delimitata;
- le decisioni devono essere prese in modo democratico da tutti i membri della comunità;
- la comunità deve garantire la trasparenza delle proprie operazioni.

Incentivi economici

Gli incentivi economici per le comunità energetiche sono finalizzati a:

- la creazione di una comunità energetica richiede investimenti significativi per l'acquisto e l'installazione degli impianti di produzione. Gli incentivi possono coprire una parte di questi costi;

- gli incentivi possono essere legati alla quantità di energia prodotta e consumata all'interno della comunità;
- gli incentivi possono essere destinati a progetti di ricerca e sviluppo nel settore delle comunità energetiche.

Tipi di incentivi

- sono somme di denaro a fondo perduto erogate per finanziare una parte degli investimenti;
- è una tariffa maggiorata pagata per l'energia elettrica prodotta e immessa in rete;
- consente di detrarre una parte delle spese sostenute per la realizzazione della comunità energetica dal reddito imponibile;
- riduzione degli oneri burocratici per la costituzione e la gestione della comunità.

È importante sottolineare che gli incentivi economici possono variare nel tempo e a seconda delle regioni e delle caratteristiche della comunità energetica.

Come accedere agli incentivi

Per accedere agli incentivi economici è necessario presentare una domanda all'ente competente, che in Italia è generalmente il Gestore dei Servizi Energetici (GSE). La domanda deve essere corredata da tutta la documentazione richiesta, tra cui lo statuto della comunità, il progetto tecnico dell'impianto e il piano economico-finanziario.

Casi Studio
Comunità Energetica di Magliano Alpi

Magliano Alpi, un comune in provincia di Cuneo, è stato uno dei primi in Italia a istituire una comunità energetica rinnovabile chiamata "Energy City Hall". Questa iniziativa, avviata nel 2020, ha coinvolto l'intero comune e rappresenta un esempio concreto di come una piccola comunità possa diventare autonoma dal punto di vista energetico e promuovere lo sviluppo sostenibile.

La comunità ha installato impianti fotovoltaici su edifici pubblici, come la scuola e il municipio e su edifici privati che hanno aderito al progetto. L'energia prodotta dagli impianti viene consumata direttamente dai membri della comunità, riducendo la dipendenza dalla rete elettrica tradizionale. Quella prodotta in eccesso viene scambiata tra i membri della comunità o immessa in rete, ottenendo un compenso economico. Tutti i cittadini sono stati coinvolti nel progetto, attraverso incontri informativi, workshop e attività di sensibilizzazione. L'esperienza di Magliano Alpi è diventata un modello per altri comuni italiani che desiderano intraprendere un percorso verso l'autonomia energetica.

Altri esempi in Italia:
- comunità energetica di Biccari: in Puglia, il comune di Biccari ha avviato una collaborazione con una cooperativa per la realizzazione di una comunità energetica;
- progetto GECO in Emilia-Romagna: ENEA ha realizzato il progetto GECO per promuovere la diffusione delle comunità energetiche in Emilia-Romagna;
- comunità energetiche condominiali: molti condomini in Italia stanno sperimentando la creazione di comunità energetiche per ridurre i costi e l'impatto ambientale.

Comunità Energetiche in Europa:
- Danimarca: la Danimarca è uno dei paesi pionieri nello sviluppo delle comunità energetiche, con numerose iniziative a livello locale e nazionale;

- Germania: anche la Germania ha un panorama molto dinamico, con diverse regioni che hanno promosso politiche a sostegno delle comunità energetiche;
- Regno Unito: il Regno Unito ha introdotto incentivi economici e normative favorevoli per lo sviluppo delle comunità energetiche, soprattutto a livello locale.

Casi studio specifici e le loro peculiarità:
- comunità energetiche in ambito agricolo: alcune comunità energetiche si sono sviluppate in contesti agricoli, utilizzando l'energia prodotta da impianti fotovoltaici per alimentare le attività agricole e vendere l'eccedenza in rete;
- comunità energetiche nelle isole: le isole, spesso isolate dalla rete elettrica nazionale, rappresentano un contesto ideale per lo sviluppo delle comunità energetiche, grazie alla possibilità di produrre energia da fonti rinnovabili locali;
- comunità energetiche nelle scuole: molte scuole hanno avviato progetti per diventare autosufficienti dal punto di vista energetico installando pannelli fotovoltaici e coinvolgendo gli studenti in attività di sensibilizzazione.

Le sfide e le opportunità

Nonostante i numerosi successi, lo sviluppo delle comunità energetiche deve ancora superare alcune criticità in quanto:
- la normativa è in continua evoluzione e può presentare ancora alcune complessità;
- l'accesso ai finanziamenti può essere un ostacolo per molte comunità;
- la scelta delle tecnologie più adatte e la loro integrazione nel sistema elettrico richiedono competenze specifiche.

Le opportunità

- Decarbonizzazione: Le comunità energetiche contribuiscono in modo significativo alla decarbonizzazione del sistema energetico;
- resilienza: rendono i sistemi energetici più resilienti, riducendo la dipendenza dalle grandi reti elettriche;

- sviluppo locale: generano benefici economici e sociali per le comunità locali;
- democratizzazione dell'energia: mettono i cittadini al centro del processo decisionale e di produzione dell'energia.

Come avvicinarsi al fotovoltaico: un esempio pratico da 1 MW

Desidero offrire un esempio pratico, cioè la realizzazione di un impianto fotovoltaico da 1 megawatt (MW), una soluzione che può essere adottata sia da privati che da aziende. L'obiettivo è spiegare in modo semplice come funziona, quali sono le possibilità di finanziamento e quali vantaggi economici può portare. Inoltre, vedremo i benefici sociali di un sistema di produzione energetica condiviso, dove l'energia non solo riduce le bollette ma contribuisce anche a creare comunità più sostenibili e resilienti, migliorando la qualità della vita per tutti.

Innanzitutto, è essenziale comprendere la struttura di un impianto fotovoltaico da 1 MW e il suo potenziale in termini di produzione energetica. Un impianto fotovoltaico di tale potenza è in grado di produrre circa 1.500-1.600 MWh all'anno, a seconda dell'irraggiamento solare della zona in cui viene installato.

Dal punto di vista tecnico, esso è composto da:
- 2.500-3.000 pannelli fotovoltaici, ognuno dei quali ha una potenza unitaria di 300-400 watt. I pannelli sono solitamente disposti su una superficie di circa 10.000-12.000 metri quadrati (circa 1 ettaro di terreno);
- inverter: dispositivi che convertono la corrente continua (DC) prodotta dai pannelli in corrente alternata (AC), utilizzabile nelle reti elettriche domestiche e industriali;
- strutture di supporto: generalmente costituite da materiali in acciaio o alluminio, necessarie per sostenere i pannelli e garantirne l'orientamento ottimale verso il sole;
- sistemi di monitoraggio: strumenti che consentono di controllare in tempo reale la produzione e l'efficienza dell'impianto, identificando eventuali guasti o cali di rendimento.

La durata di vita di un impianto fotovoltaico si attesta solitamente attorno ai 25-30 anni, con un calo di efficienza dei pannelli di circa lo 0,5% annuo.

Questo progetto può senza dubbio applicarsi nel contesto di una comunità energetica. Esso si basa su una struttura finanziaria che prevede:

- 20% di capitale proprio: i membri della comunità energetica contribuiscono con mezzi propri alla realizzazione dell'impianto. Questo può avvenire tramite il conferimento di capitale da parte di singoli partecipanti o da parte delle imprese;
- 40% di fondo perduto: un'importante quota del finanziamento può essere coperta attraverso contributi pubblici o privati sotto forma di fondi perduti, come quelli previsti dai bandi nazionali o europei per la transizione energetica (ad esempio, il Green Deal europeo o il Piano Nazionale di Ripresa e Resilienza - PNRR). Questi fondi mirano a incentivare la diffusione di energie rinnovabili e a ridurre la dipendenza da fonti fossili;
- 40% di finanziamento bancario: il restante 40% può essere coperto attraverso prestiti o finanziamenti concessi da istituti bancari. Una caratteristica interessante di questo modello è il coinvolgimento di clienti depositari-investitori della banca. Questi ultimi possono partecipare all'operazione attraverso investimenti, ottenendo una redditività interessante, solitamente superiore ai rendimenti tradizionali dei prodotti finanziari a basso rischio.

Come abbiamo precedente visto le banche giocano un ruolo cruciale nella creazione e nel supporto delle comunità energetiche ma non va assolutamente trascurato che uno degli elementi chiave del successo economico di un impianto fotovoltaico di questa portata è l'autoconsumo. Tuttavia, in molte occasioni, l'impianto produrrà più energia di quanta ne venga consumata all'interno della comunità. In questi casi, l'energia in eccesso può essere venduta alla rete elettrica nazionale.

Grazie a meccanismi come lo "scambio sul posto" o il "ritiro dedicato", i produttori di energia possono ottenere un ritorno economico dalla vendita dell'energia non consumata, contribuendo ulteriormente alla sostenibilità economica del progetto. In alternativa, la comunità può stipulare contratti di vendita diretta dell'energia (PPA) con grandi aziende o enti pubblici, garantendosi flussi di cassa stabili e a lungo termine.

In un contesto in cui la transizione energetica diventa sempre più urgente, modelli come quello presentato in questo capitolo offrono una soluzione concreta e replicabile per accelerare la diffusione delle energie rinnovabili, generando al contempo un ritorno economico significativo per tutti i soggetti coinvolti.

Capitolo 10
Comunità energetiche nel Mezzogiorno d'Italia: opportunità e benefici

Il Mezzogiorno d'Italia, comprendente regioni come Puglia, Basilicata, Calabria, Sicilia e Campania, rappresenta un'area di grande interesse per lo sviluppo di comunità energetiche basate su fonti rinnovabili, in particolare impianti fotovoltaici. Questa parte del Paese gode infatti di vantaggi geografici e climatici che rendono l'energia solare una risorsa particolarmente abbondante e promettente. Oltre a questi vantaggi naturali, le politiche nazionali ed europee per la transizione energetica offrono un'opportunità storica per il rilancio economico di queste regioni, che da tempo lottano contro una stagnazione economica e sociale.

Un tema centrale è l'irraggiamento solare. Le regioni del Sud Italia vantano tassi di irraggiamento solare tra i più elevati d'Europa, con un valore medio annuo che varia tra i 1.500 e i 1.800 kWh/m², superiore alla media delle regioni settentrionali italiane e di molte altre zone europee, che si fermano spesso sotto i 1.300 kWh/m². Questi dati, di per sé, sottolineano l'enorme potenziale di sviluppo del fotovoltaico in queste aree. L'efficienza produttiva degli impianti fotovoltaici nel Mezzogiorno può raggiungere punte di 1.600-1.800 MWh/anno per ogni megawatt di capacità installata. Questo, in prospettiva, trasforma il Sud Italia in un vero e proprio "hub naturale" per la produzione di energia solare.

Tuttavia, nonostante queste condizioni favorevoli, il pieno potenziale delle energie rinnovabili nel Mezzogiorno è ancora largamente inespresso. Sebbene alcune regioni meridionali abbiano già avviato progetti di energia solare su larga scala, molte altre restano indietro rispetto al Nord Italia, dove impianti di grandi dimensioni sono più diffusi in regioni come Lombardia, Veneto e Emilia-Romagna. Questo squilibrio, pur non giustificato dalle condizioni climatiche, riflette una serie di problematiche legate alle infrastrutture, alla burocrazia e, in alcuni casi, alla mancanza di una chiara visione politica locale in merito alla transizione energetica.

Le regioni del Sud Italia possono contare su una serie di incentivi economici nazionali ed europei per sviluppare progetti energetici sostenibili. Uno dei principali strumenti di supporto è rappresentato dal Piano Nazionale di Ripresa e Resilienza (PNRR), che ha destinato risorse significative alla transizione ecologica del Paese. Il PNRR, parte del più ampio programma europeo Next Generation EU, ha infatti l'obiettivo di accelerare la trasformazione verso un'economia più verde e sostenibile. Questo piano prevede specifiche linee di finanziamento per le aree economicamente più svantaggiate, tra cui appunto le regioni meridionali, al fine di colmare il divario tra il Nord e il Sud del Paese.

In aggiunta, le regioni del Mezzogiorno beneficiano di contributi provenienti dai fondi di coesione dell'Unione Europea, in quanto classificate come "Obiettivo 1". Questo status consente di ottenere contributi a fondo perduto con percentuali superiori rispetto ad altre aree d'Italia, con coperture che possono arrivare al 40-50% dei costi totali di un progetto di energia rinnovabile. Questi meccanismi di finanziamento, se ben sfruttati, possono rendere molto più semplice e conveniente l'avvio di iniziative locali legate alle comunità energetiche.

Questa strategia ha non solo un valore ambientale ma anche economico e sociale. La creazione di comunità energetiche anche nel Mezzogiorno rappresenta infatti un'opportunità per coinvolgere attivamente le comunità locali in un nuovo modello di sviluppo sostenibile, favorendo la cooperazione tra cittadini, imprese e istituzioni pubbliche. In particolare, il coinvolgimento diretto della popolazione può innescare una dinamica virtuosa di rilancio economico, con la creazione di nuovi posti di lavoro legati all'installazione e manutenzione degli impianti fotovoltaici, alla gestione delle reti locali di distribuzione energetica e alla promozione di attività correlate come la consulenza tecnica e la formazione in campo energetico.

Il modello delle comunità energetiche può quindi diventare un catalizzatore per la crescita economica, soprattutto in aree che da tempo soffrono di alti tassi di disoccupazione e di fenomeni di emigrazione giovanile. In regioni come Puglia, Basilicata, Calabria e Sicilia, è spesso il tessuto economico locale a risultare particolarmente fragile con un'industria ridotta e una forte dipendenza da settori agricoli o turistici, che non sempre garantiscono stabilità economica. In tale contesto, lo sviluppo di progetti legati alle energie rinnovabili potrebbe non solo creare occupazione diretta e indiretta, ma anche contribuire a una diversificazione dell'economia locale, riducendo la dipendenza da settori tradizionali.

Un altro aspetto da considerare è il potenziale contributo delle comunità energetiche alla lotta contro la povertà energetica, un problema che nel Mezzogiorno assume dimensioni preoccupanti. Secondo i dati del 2021, circa il 15% delle famiglie italiane si trovava in condizioni di povertà energetica, con una concentrazione maggiore nelle regioni meridionali. La povertà energetica si manifesta nell'incapacità delle famiglie di sostenere i costi necessari per riscaldare adeguatamente le abitazioni o accedere a servizi energetici di base. Questo fenomeno non solo ha un impatto diretto sulla qualità della vita, ma comporta anche gravi conseguenze sociali, in quanto le famiglie più vulnerabili rischiano di restare intrappolate in una spirale di disagio economico e sociale.

Le comunità energetiche, permettendo ai residenti di beneficiare di energia a basso costo prodotta localmente, possono rappresentare una risposta concreta a questo problema. Il modello di autoconsumo collettivo consente di condividere i benefici economici dell'energia prodotta, contribuendo a ridurre la spesa energetica per tutte le famiglie coinvolte e migliorando la resilienza economica del territorio.

Un aspetto importante per il successo delle comunità energetiche è la gestione intelligente dell'energia prodotta. Gli impianti fotovoltaici, infatti, tendono a produrre la massima quantità di energia nelle ore centrali della giornata, quando il sole è più forte. Tuttavia, i consumi energetici domestici e industriali spesso non coincidono con questi picchi di produzione. Per questo motivo, una parte dell'energia prodotta rischia di essere dispersa o venduta alla rete elettrica a prezzi inferiori rispetto a quelli del consumo locale.

Per ottimizzare l'uso dell'energia prodotta, le comunità energetiche possono integrare sistemi di accumulo ed applicare tutte le altre tecnologie ampiamente trattate in questo libro.

La burocrazia, un freno alla rivoluzione energetica del Mezzogiorno: il ruolo delle Regioni, delle Banche e le prospettive future

Il Mezzogiorno d'Italia, con il suo potenziale solare, è destinato a diventare un protagonista della transizione energetica. Tuttavia, un eccesso di burocrazia rallenta lo sviluppo delle comunità energetiche, fondamentali per raggiungere gli obiettivi di decarbonizzazione e di sviluppo sostenibile.

L'iter autorizzativo per la realizzazione di un impianto fotovoltaico e la costituzione di una comunità energetica è spesso lungo e complesso, scoraggiando gli investimenti e ritardando la realizzazione dei progetti. Le conseguenze sono molteplici:

- le procedure burocratiche allungano i tempi di realizzazione e aumentano i costi degli impianti;
- l'incertezza legata ai tempi di realizzazione scoraggia gli investitori;
- il rallentamento dei progetti compromette il raggiungimento degli obiettivi climatici.

Il ruolo delle Regioni

Le Regioni hanno un ruolo cruciale nel superare queste difficoltà. Possono:

- semplificare le procedure: unificando le autorizzazioni e creando sportelli unici per le energie rinnovabili;
- offrire incentivi mettendo a disposizione fondi regionali per sostenere gli investimenti e promuovere la diffusione delle comunità energetiche;
- fornire assistenza tecnica supportando le comunità locali nella progettazione e realizzazione dei progetti.

Il ruolo delle Banche

Le banche, soprattutto quelle a vocazione territoriale, hanno un ruolo fondamentale nel finanziare i progetti delle startup e delle comunità energetiche. Possono:

- semplificare le procedure di finanziamento offrendo prodotti finanziari dedicati e facilitando l'accesso al credito;
- assistendo imprese e comunità energetiche nella definizione del business plan e nella scelta delle tecnologie più adatte;

- collaborare con le istituzioni partecipando a tavoli tecnici per definire strumenti finanziari innovativi.

Le banche a vocazione territoriale, come le Banche di Credito Cooperativo (BCC) e le Banche Popolari, sono attori chiave per lo sviluppo delle comunità energetiche in Italia, in particolare nel Mezzogiorno. Questi istituti, profondamente radicati nei loro territori e con una conoscenza diretta delle dinamiche economiche e sociali locali, possono svolgere un ruolo vitale nella realizzazione di impianti fotovoltaici e nella promozione di un modello di crescita sostenibile.

In un contesto di crescente attenzione alle energie rinnovabili e alla transizione energetica, il contributo delle banche territoriali non si limita alla concessione di credito. Queste banche, come le BCC e le Banche Popolari, possono sviluppare finanziamenti innovativi, utilizzando l'accettazione ministeriale e regionale come garanzia, integrando anche strumenti come le garanzie Cofidi e le fideiussioni. Tali meccanismi non solo facilitano l'accesso al credito, ma riducono il rischio per le banche, incentivando così ulteriori investimenti nel settore delle energie rinnovabili.

La natura cooperativa e popolare delle banche territoriali le porta a perseguire obiettivi che vanno oltre il profitto, puntando al supporto delle economie locali e allo sviluppo delle comunità. Nel Mezzogiorno, caratterizzato da incognite economiche come la disoccupazione, l'emigrazione giovanile e una minore industrializzazione, queste banche possono diventare motori di crescita sostenibile promuovendo modelli di finanziamento inclusivi per le comunità energetiche, facilitando la realizzazione di impianti fotovoltaici e creando reti di collaborazione tra le comunità, favorendo lo scambio di esperienze e conoscenze.

Il finanziamento degli impianti fotovoltaici: nuove opportunità per il Mezzogiorno

Il finanziamento di impianti fotovoltaici richiede soluzioni specifiche, data la natura a medio-lungo termine di questi progetti e l'elevato capitale iniziale necessario. Le banche territoriali, grazie alla loro vicinanza alle comunità, possono fornire soluzioni di finanziamento personalizzate.

InnovEnergy: il conto corrente innovativo

Ho ideato il conto corrente InnovEnergy per soddisfare le esigenze finanziarie delle startup e delle comunità energetiche nel settore delle energie rinnovabili.

Questo prodotto bancario innovativo, che metto a disposizione delle banche italiane, nasce grazie alla mia esperienza e professionalità maturate in oltre 30 anni di quadro direttivo, prima presso la Banca Commerciale Italiana e successivamente in Intesa San Paolo, due delle principali istituzioni bancarie italiane.

Nel corso della mia carriera ho gestito operazioni finanziarie di grande rilievo acquisendo una solida preparazione che mi ha permesso di sviluppare questa soluzione, pensata per favorire la transizione energetica e l'adozione di tecnologie sostenibili in Italia.

InnovEnergy è una proposta versatile, in grado di rispondere alle necessità di:
- Startup nel settore delle energie rinnovabili (InnovEnergy S.U.)
- Comunità energetiche (InnovEnergy C.E.)

Caratteristiche comuni del conto InnovEnergy
Affidamento rotativo

o Il conto corrente InnovEnergy è dotato di un affidamento rotativo, che consente alle startup e alle comunità energetiche di accedere a fondi rinnovabili, utilizzabili per sostenere investimenti e spese operative in modo flessibile. L'affidamento è rinnovabile annualmente, previa valutazione delle performance.

o Importo: l'importo dell'affidamento può variare, partendo da 10.000 € fino a 500.000 € o più, a seconda delle esigenze finanziarie e del tipo di progetto.

o Interessi: il tasso di interesse applicato è competitivo, oscillando generalmente tra il 3% e il 5% annuo sull'importo utilizzato (salvo aggiornamenti e/o revisioni).

o Utilizzo: il credito rotativo può essere impiegato per finanziare l'acquisto di impianti, l'installazione di tecnologie green, la gestione operativa, la manutenzione degli impianti e altre necessità aziendali.

Gestione della liquidità

o Il conto offre una gestione dinamica della liquidità con possibilità di prelievo, versamento e trasferimento fondi in tempo reale facilitando la gestione dei flussi finanziari per le startup e le comunità energetiche.

o Sono inclusi strumenti di pagamento elettronico carte aziendali, e la possibilità di operare tramite piattaforme bancarie digitali.

Accesso al fondo di garanzia per le PMI

o L'affidamento rotativo può beneficiare dell'accesso facilitato al Fondo di Garanzia per le PMI che riduce il rischio per la banca migliorando le condizioni di finanziamento.

o Inoltre, è possibile ottenere una garanzia attraverso i Consorzi di Garanzia Collettiva Fidi (Cofidi) che contribuisce a incrementare la probabilità di approvazione del credito.

Supporto alla crescita

o InnovEnergy è pensato per supportare la crescita delle startup e delle comunità energetiche. A seconda del progresso dei progetti e dei risultati finanziari, l'importo dell'affidamento può aumentare nel tempo facilitando l'espansione e l'innovazione continua.

Servizi di monitoraggio e consulenza

o Le banche che offrono questo conto mettono a disposizione servizi consulenziali specializzati, in grado di aiutare le startup e le comunità energetiche nella pianificazione dei propri investimenti, nella gestione della sostenibilità economica e nella realizzazione di progetti nel settore delle energie rinnovabili.

o Un sistema di monitoraggio avanzato consente di tracciare in tempo reale le performance finanziarie e il ritorno sugli investimenti, ottimizzando la gestione dei fondi.

Deposito di riserva

o È previsto un deposito di riserva, generalmente pari al 10% dell'importo complessivo dell'affidamento rotativo, che funge da garanzia per l'accesso al credito. Questo deposito può essere bloccato come garanzia o utilizzato per coprire eventuali imprevisti.

Caratteristiche del Conto Corrente InnovEnergy S.U. (Startup)

- denominazione: InnovEnergy S.U. (Startup);
- destinatari: startup registrate come società unipersonali (S.U.) o altre forme giuridiche dedicate a imprese di nuova costituzione nel settore delle energie rinnovabili (fotovoltaico, eolico, idroelettrico, biomassa, ecc.);
- scopo: sostenere le necessità finanziarie di startup innovative, promuovendo progetti ad alto contenuto tecnologico che favoriscano la transizione energetica e la produzione sostenibile;
- tipologia di conto: conto corrente aziendale con affidamento rotativo;
- flessibilità: accesso immediato alla linea di credito, utilizzabile per coprire spese operative, acquisti di attrezzature, costi di installazione e manutenzione degli impianti energetici.

Affidamento Rotativo

L'affidamento rotativo consente alla startup di disporre di un credito ricorrente, rinnovabile in base ai rimborsi effettuati, per una gestione flessibile della liquidità.

- importo dell'affidamento: determinato in base alla capacità di rimborso della startup, con importi generalmente tra i 10.000 e i 100.000 €, a seconda del progetto e della situazione finanziaria;

- modalità di utilizzo: la startup può accedere al credito per coprire le esigenze di breve termine legate al ciclo produttivo e agli investimenti di avviamento. A mano a mano che l'importo viene rimborsato, il credito torna disponibile, consentendo un utilizzo ciclico della linea di credito;
- scadenza: l'affidamento è rinnovabile annualmente, previa valutazione dei risultati raggiunti dalla startup e della sua

capacità di rimborso. Tale valutazione include il controllo dei flussi di cassa e la verifica delle garanzie offerte;

- tasso di interesse: variabile, generalmente indicizzato a un tasso di riferimento (Euribor) con uno spread stabilito, per adattarsi alle esigenze del settore e alla fase di sviluppo della startup. I tassi possono essere agevolati per sostenere imprese con progetti ecologici;

- interessi e commissioni: vengono calcolati solo sugli importi effettivamente utilizzati e non sull'intera linea di credito. La banca può applicare una commissione di affidamento (solitamente 0,5% - 1%) per la disponibilità del credito.

Documentazione richiesta per l'apertura e l'affidamento

La banca richiede una documentazione dettagliata per valutare la sostenibilità del progetto e la capacità della startup di gestire l'affidamento.

1. Business Plan dettagliato:
   o proiezioni finanziarie e di crescita (3-5 anni).
   o piano di produzione e distribuzione dell'energia, con indicazione dei ricavi stimati e del flusso di cassa atteso.
   o analisi di fattibilità economica e tecnica del progetto.
   o strategie di sviluppo e obiettivi di sostenibilità della startup.

2. Piano di investimento:
   o dettagli sugli investimenti previsti per l'acquisto di impianti o tecnologie innovative.
   o budget per il primo anno di attività e risorse destinate al miglioramento tecnologico e alla manutenzione.

3. Certificazioni e autorizzazioni tecniche:
   - o documentazione relativa agli impianti (progettazione, costruzione, connessione alla rete elettrica).
   - o certificati di conformità e rispetto delle normative ambientali e di sicurezza.
4. Visura camerale e atti costitutivi:
   - o visura camerale aggiornata per verificare la registrazione dell'impresa, l'oggetto sociale e le informazioni sui soci.
   - o statuto e atto costitutivo per confermare la struttura legale e l'identità della startup.
5. Documentazione integrativa creditizia:
   - o Centrale Rischi e CRIF per analizzare eventuali esposizioni e verificare l'eventuale solvibilità.
   - o Dichiarazioni fiscali e documentazione contabile (ove disponibile).

Analisi della Startup e valutazione del rischio

La banca valuta specificamente i seguenti elementi prima di concedere l'affidamento rotativo:

- stabilità finanziaria e flussi di cassa previsti: viene esaminata la capacità di generare flussi di cassa futuri, stimati sulla base del business plan e dei contratti di vendita di energia. È fondamentale verificare che la startup possa coprire sia i costi operativi che le rate di rimborso;

- rating e rischio creditizio: pur essendo una startup, l'impresa viene valutata secondo parametri di rischio, con particolare attenzione alle garanzie proposte e al supporto finanziario eventuale da parte dei soci fondatori;

- innovazione e sostenibilità del progetto: le startup con tecnologie innovative e sostenibili, che offrono soluzioni a basso impatto ambientale, sono favorite, poiché rappresentano un settore con prospettive di crescita e basso rischio di obsolescenza.

Garanzie richieste dalla Banca

Essendo startup spesso con risorse limitate, la banca richiede garanzie flessibili per ridurre il rischio.

1. Garanzia confidi o fondo di garanzia per le PMI:

   o le startup possono beneficiare della garanzia di un Confidi o del Fondo di Garanzia per le PMI. Questo tipo di garanzia è ideale per startup che hanno bisogno di migliorare la propria affidabilità creditizia;

   o la garanzia può coprire una percentuale dell'affidamento (fino all'80%), riducendo il rischio per la banca e agevolando l'accesso al credito.

2. Garanzie personali dei soci:

   o in alcuni casi, la banca può richiedere fideiussioni o garanzie personali da parte dei soci fondatori o dei promotori della startup, che si impegnano a rispondere personalmente in caso di mancato rimborso.

3. Garanzie su asset fisici e attrezzature:

   o se la startup possiede asset tangibili (come impianti o attrezzature), questi possono essere dati in garanzia tramite pegno o ipoteca.

4. Deposito di riserva:

   o la banca può richiedere un deposito di riserva, che rimane bloccato come garanzia parziale per l'affidamento, solitamente pari al 10-15% dell'importo totale.

Struttura e funzionamento del deposito di riserva e garanzie aggiuntive

Il deposito di riserva rappresenta una garanzia supplementare che può essere utilizzata in caso di difficoltà di pagamento. Viene stabilito in percentuale sull'importo dell'affidamento e costituisce un fondo vincolato:

- Esempio di calcolo: per un affidamento di 50.000 €, il deposito di riserva potrebbe essere pari a 7.500 €, che rimane bloccato fino alla scadenza dell'affidamento o fino al raggiungimento di determinati obiettivi di rimborso.

- Garanzia integrativa: aggiunta di una garanzia. Confidi o del Fondo di Garanzia per le PMI, in modo da garantire fino all'80% dell'affidamento, favorendo così la concessione del credito.

Vantaggi del Conto Corrente InnovEnergy S.U. (Startup)

1. Accesso agevolato al credito: grazie all'affidamento rotativo e alle garanzie pubbliche, le startup possono ottenere credito a condizioni vantaggiose, con tassi di interesse agevolati.

2. Flessibilità e liquidità immediata: la natura rotativa dell'affidamento consente alle startup di disporre di liquidità senza dover ricorrere a nuovi finanziamenti.

3. Supporto alla crescita e all'innovazione: l'affidamento è progettato per sostenere progetti innovativi nel settore delle energie rinnovabili, contribuendo alla transizione energetica e al raggiungimento degli obiettivi di sostenibilità.

4. Riduzione del rischio: l'affidamento è assistito da garanzie aggiuntive, come Confidi o il Fondo di Garanzia per le PMI, che rendono il finanziamento accessibile anche a startup in fase di avviamento.

Di seguito è descritto un esempio concreto di come potrebbe funzionare il conto corrente InnovEnergy S.U. (Startup) con affidamento rotativo per una startup nel settore delle energie rinnovabili.

Esempio Aziendale: GreenWave S.U.

Profilo della Startup

Nome: GreenWave S.U.
Settore: Energie rinnovabili (fotovoltaico)
Attività principale: Installazione di pannelli fotovoltaici e fornitura di servizi di consulenza energetica a piccole e medie imprese locali
Sede legale: Milano, Italia
Data di costituzione: gennaio 2023

Obiettivo di GreenWave

GreenWave S.U. si è costituita per offrire soluzioni di energia rinnovabile a PMI italiane, supportandole nell'installazione di impianti fotovoltaici sui tetti aziendali e nella gestione dell'energia prodotta. La startup ha bisogno di liquidità per finanziare i primi progetti, acquistare attrezzature, coprire le spese di installazione e sostenere i costi di manutenzione.

Apertura del conto corrente InnovEnergy S.U.

GreenWave apre il conto corrente InnovEnergy S.U. presso una banca convenzionata con servizi specializzati per le startup nel settore green. Il conto offre la possibilità di ottenere un affidamento rotativo per coprire le necessità di breve termine e garantire la liquidità necessaria per le spese di avviamento.

Affidamento rotativo assegnato

- Importo: 50.000 €

- Scadenza: rinnovabile annualmente, previa valutazione della banca sui risultati economici e operativi della startup.

- Tasso di interesse: 4% annuo sull'importo utilizzato.

- Commissione di affidamento: 0,75% del totale dell'affidamento, applicata una tantum.

La banca, dopo aver valutato il business plan e la fattibilità del progetto di GreenWave, decide di concedere l'affidamento rotativo di 50.000 € per sostenere i primi progetti di installazione e coprire le spese operative.

Documentazione fornita da GreenWave S.U.

Per ottenere l'affidamento rotativo, GreenWave ha presentato alla banca la documentazione richiesta:

1. Business Plan: include le proiezioni di crescita per i primi 3 anni, con previsioni di ricavi derivanti dall'installazione di impianti fotovoltaici presso le PMI clienti e dai servizi di consulenza energetica.

2. Piano di investimento: dettaglio degli investimenti pianificati per acquistare pannelli solari, attrezzature di installazione, e coprire le spese di marketing e formazione.

3. Certificazioni e autorizzazioni: documentazione sugli impianti fotovoltaici che GreenWave intende installare, con i certificati di conformità e autorizzazioni tecniche.

4. Garanzie integrative:

   o richiesta di garanzia. Confidi a copertura del 50% dell'affidamento.

   o accordo per la controgaranzia del Fondo di Garanzia per le PMI, che copre l'80% della garanzia Confidi.

5. Centrale Rischi e CRIF: GreenWave non ha precedenti esposizioni creditizie significative, risultando affidabile in base ai dati forniti.

Funzionamento dell'Affidamento Rotativo

L'affidamento rotativo di GreenWave è strutturato per garantire liquidità immediata, disponibile in funzione delle necessità della startup. Di seguito, un esempio di come GreenWave utilizza l'affidamento.

Primo utilizzo: installazione di un impianto fotovoltaico presso un cliente

GreenWave ottiene il primo contratto con una PMI locale per l'installazione di un impianto fotovoltaico da 20 kW. Il progetto richiede un investimento immediato di 20.000 € per coprire l'acquisto dei pannelli solari e i costi di installazione.

1. Prelievo dall'affidamento: GreenWave preleva 20.000 € dall'affidamento rotativo.
2. Interessi: gli interessi del 4% vengono calcolati solo sull'importo utilizzato, quindi su 20.000 €. Pertanto, per i primi 30 giorni, l'interesse maturato sarà di circa 66,67 €.
3. Commissioni: alla concessione dell'affidamento, GreenWave ha pagato una commissione dello 0,75%, pari a 375 €.

Rimborso e ripristino della disponibilità

Dopo 90 giorni dall'installazione, GreenWave riceve il pagamento dal cliente per l'impianto completato, pari a 25.000 €.

- Rimborso del credito: GreenWave rimborsa i 20.000 € utilizzati, riducendo il saldo debitore dell'affidamento e ripristinando la disponibilità completa di 50.000 €.

- Rinnovo della disponibilità: l'affidamento torna a disposizione di GreenWave, che può nuovamente utilizzare i 50.000 € per un nuovo progetto.

Deposito di riserva e garanzie

La banca ha richiesto un deposito di riserva pari al 10% dell'importo dell'affidamento, quindi 5.000 €, per ulteriore sicurezza.

- Garanzia Confidi: GreenWave ha richiesto una garanzia. Confidi per coprire il 50% dell'affidamento, ovvero 25.000 €.

- Controgaranzia Fondo di Garanzia per le PMI: L'80% della garanzia. Confidi è coperto dal Fondo di Garanzia per le PMI che interviene per coprire ulteriormente l'importo in caso di insolvenza.

Secondo utilizzo: espansione delle attività

Grazie al buon andamento del primo progetto, GreenWave decide di investire in attrezzature aggiuntive per aumentare la capacità operativa.

1. Utilizzo dell'affidamento: la startup utilizza altri 30.000 € dell'affidamento per acquistare un nuovo veicolo e attrezzature per le installazioni.
2. Interessi: gli interessi del 4% sono calcolati su questi 30.000 €, e maturano mensilmente finché non avviene il rimborso.
3. Pagamento: dopo sei mesi, GreenWave riceve pagamenti aggiuntivi dai nuovi progetti e rimborsa i 30.000 €, ripristinando ancora una volta l'intera disponibilità dell'affidamento.

Vantaggi del conto InnovEnergy S.U. per GreenWave

1. Flessibilità finanziaria: l'affidamento rotativo consente a GreenWave di accedere a liquidità quando necessario, senza dover richiedere nuovi prestiti. La possibilità di ripristinare il credito tramite i rimborsi facilita la gestione del flusso di cassa.

2. Supporto alla crescita: grazie all'affidamento rotativo, GreenWave può accettare nuovi progetti senza il timore di rimanere senza liquidità, sostenendo così la crescita della startup in modo organico.

3. Condizioni agevolate e garanzie: il tasso d'interesse agevolato e le garanzie fornite da Confidi e dal Fondo di

Garanzia per le PMI riducono il rischio della banca e rendono l'affidamento accessibile per una startup in fase di sviluppo.

4. Deposito di riserva: il deposito di riserva, pur rappresentando una garanzia per la banca, è un fondo vincolato che non incide sulla liquidità disponibile per l'utilizzo dell'affidamento.

Conto Corrente InnovEnergy C.E. (comunità energetica)

Il conto InnovEnergy è un conto corrente dedicato a comunità energetiche che, oltre alle funzionalità tipiche di un conto corrente, integra un sistema di affidamento rotativo mirato a supportare la generazione e la distribuzione di energia da fonti rinnovabili. Ecco i dettagli principali:

- la titolarità del conto è assegnata alla comunità energetica (una cooperativa, consorzio o altra forma giuridica idonea) che gestisce la produzione e distribuzione dell'energia all'interno di un'area geografica specifica;

- il conto è progettato per finanziare investimenti e progetti di miglioramento per le infrastrutture energetiche della comunità, come impianti fotovoltaici, eolici, batterie di accumulo e sistemi di gestione intelligente dell'energia;

- il conto può ricevere i proventi derivanti dalla vendita di energia in eccesso o dagli incentivi statali per l'energia rinnovabile. Tali flussi di cassa rappresentano la base per il rimborso dell'affidamento rotativo.

L'affidamento rotativo è una linea di credito che consente alla comunità di utilizzare fondi fino a un importo predefinito, ripristinabile in base alla disponibilità dei flussi di cassa generati. Questo meccanismo ha le seguenti caratteristiche:

- viene stabilito un limite massimo (es. 100.000 €) sulla base della capacità della comunità energetica di generare flussi di cassa attraverso la vendita di energia e gli incentivi;

- man mano che vengono effettuati pagamenti verso il finanziamento, il limite si ripristina e la comunità può accedere nuovamente a fondi fino all'importo stabilito;

- la linea di credito rotativa ha una durata variabile (es. 12 mesi rinnovabili), rinegoziabile sulla base delle necessità della comunità e della redditività degli impianti;

- i rimborsi sono effettuati periodicamente in base ai proventi generati dall'energia prodotta. Una percentuale dei ricavi viene trattenuta per rimborsare l'affidamento, mentre il resto rimane disponibile per coprire le spese correnti e per reinvestimenti.

A livello tecnico, il conto InnovEnergy si basa su un modello di finanziamento basato sui flussi di cassa. Il modello finanziario permette di calcolare, in modo predittivo, i flussi attesi per determinare il limite massimo di affidamento e i termini di rimborso. Ecco come:

- la banca analizza la capacità della comunità energetica di generare reddito, tenendo conto dei contratti di vendita dell'energia, dei prezzi di mercato e delle stime dei consumi locali. In questo modo, viene determinata la affidabilità creditizia;

- sulla base dei flussi previsti, si stabilisce il limite di credito che è sufficiente a coprire le esigenze di investimento, tenendo conto delle oscillazioni di entrate e delle spese;

- ogni trimestre, la banca verifica i flussi generati e confronta i proventi effettivi con le previsioni. Se i ricavi sono stabili o in crescita, è possibile rinegoziare l'aumento del limite di affidamento.

Gestione delle entrate energetiche
Il conto corrente InnovEnergy permette di:
- ricevere proventi da vendita: la comunità vende l'energia in eccesso al gestore nazionale (o altri acquirenti) e deposita i proventi direttamente sul conto InnovEnergy;

- gestione degli incentivi: il conto è abilitato a ricevere gli incentivi statali o regionali destinati alla produzione di energia rinnovabile, incrementando così la liquidità disponibile;

- automatismo di rimborso: é possibile configurare un sistema automatico di rimborso. Ad esempio, una percentuale (es. 30%) dei ricavi netti viene prelevata automaticamente ogni mese per il rimborso dell'affidamento, riducendo così il debito in modo costante e senza intervento manuale.

Benefici

Questo sistema porta diversi vantaggi sia finanziari che sociali alla comunità energetica, oltre a incentivare la sostenibilità ambientale.

- La disponibilità di una linea di credito rotativa offre stabilità e flessibilità finanziaria, permettendo di coprire costi iniziali e gestire i flussi in eccesso o deficit in modo dinamico;
- con l'affidamento rotativo, la comunità paga solo l'interesse sul capitale effettivamente utilizzato, piuttosto che su un capitale fisso, rendendo la struttura di costo più efficiente;
- le comunità sono incentivate a investire nell'efficienza e nell'autosufficienza energetica, promuovendo un modello di sviluppo locale sostenibile;
- InnovEnergy supporta progetti di energia rinnovabile a livello locale, riducendo la dipendenza da fonti non rinnovabili e promuovendo l'impiego di tecnologie verdi.

Documentazione richiesta dalla Banca

Per ottenere un affidamento rotativo, la comunità energetica deve fornire una documentazione che illustri in dettaglio il progetto, la capacità economica e finanziaria e i flussi previsti. Di seguito i principali documenti necessari:

- Atto costitutivo e statuto;
- Centrale rischi (CR): la Centrale Rischi è uno strumento essenziale per la banca per valutare l'esposizione creditizia e il comportamento finanziario della comunità energetica.

La CR, gestita dalla Banca d'Italia, contiene informazioni su tutte le posizioni creditizie superiori ai 30.000 €. La banca riceve un report che include:

- o dettagli sulle esposizioni bancarie passate e presenti, come prestiti, affidamenti, linee di credito, garanzie e fidi;
- o informazioni sui crediti in sofferenza, eventuali ritardi nei pagamenti, crediti incagliati e in ristrutturazione;
- o andamento delle esposizioni per valutare la capacità della comunità di far fronte a impegni finanziari nel tempo.

La banca analizza la Centrale Rischi per verificare la storia creditizia e la solvibilità della comunità, identificando possibili segnali di rischio come eventi di insolvenza o esposizioni con altri istituti. La CR è utile per misurare l'affidabilità della comunità energetica.

- Crif (centrale rischi di intermediazione finanziaria) è un sistema di informazioni creditizie privato che contiene informazioni dettagliate su finanziamenti e crediti al consumo, sia per persone fisiche che per persone giuridiche. È utile per valutare il comportamento finanziario, soprattutto nei pagamenti verso intermediari finanziari diversi da banche.

  contenuto:
  - o elenco dei finanziamenti attivi e passati, comprese informazioni su eventuali insolvenze o ritardi nei pagamenti;
  - o storico delle richieste di finanziamento, per verificare se la comunità ha richiesto o ottenuto finanziamenti da altri istituti;
  - o valutazioni relative alla stabilità dei pagamenti e alla puntualità della comunità.

utilizzo: la banca consulta la CRIF per una visione complessiva dell'affidabilità creditizia e per verificare eventuali anomalie o segnalazioni negative. Questo consente di identificare potenziali rischi legati a finanziamenti multipli o a una gestione non ottimale del credito.

- Visura camerale aggiornata: la visura camerale è un documento rilasciato dalla Camera di Commercio che contiene informazioni ufficiali sull'azienda, in questo caso la comunità energetica. È fondamentale per confermare l'identità e la struttura legale dell'entità richiedente.

  contenuto:
  - o dati identificativi: denominazione sociale, sede legale, codice fiscale e numero REA (Registro delle Imprese);
  - o struttura societaria: Informazioni sugli amministratori, soci e legale rappresentante;
  - o oggetto sociale: descrizione delle attività svolte, con particolare attenzione alla produzione e distribuzione di energia rinnovabile;
  - o situazione giuridica e procedimenti: informazioni su eventuali procedure concorsuali, fallimenti, liquidazioni o altre procedure in corso che potrebbero influire sulla capacità di credito.

utilizzo: la banca analizza la visura camerale per verificare la validità e la conformità legale della comunità energetica, la struttura di governance e per valutare eventuali rischi derivanti da procedimenti legali o situazioni patrimoniali critiche.

- Profilo storico della comunità energetica: il profilo storico è un report descrittivo che fornisce una panoramica dell'evoluzione e delle attività della comunità energetica, utile per comprendere la sua stabilità e reputazione nel tempo.

  contenuto:

- o storia della comunità: descrizione della data di costituzione, fondatori, missione e valori;
- o evoluzione delle attività: analisi dello sviluppo delle attività produttive e dell'espansione della capacità produttiva di energia rinnovabile;
- o progetti e partnership: elenco dei principali progetti energetici sviluppati e partnership con enti pubblici, aziende o altre organizzazioni;
- o risultati e impatti: risultati significativi raggiunti in termini di sostenibilità, riduzione delle emissioni e benefici per la comunità locale.

utilizzo: La banca valuta il profilo storico per comprendere la solidità operativa della comunità energetica, l'affidabilità come partner di lungo termine e l'impegno nella transizione energetica. Un profilo stabile e con una storia positiva costituisce un punto a favore nel processo di valutazione del rischio.

- • Business plan dettagliato:
  - o proiezioni economico-finanziarie del progetto per un periodo minimo di 3-5 anni;
  - o piano di produzione e distribuzione dell'energia, con indicazione dei ricavi stimati, dei costi operativi, e del margine operativo netto;
  - o analisi di fattibilità economica, con proiezioni sui flussi di cassa attesi (Cash Flow Statement);
  - o indicatori di redditività del progetto (come ROI, TIR) per valutare la sostenibilità del piano;
- • Bilanci e situazione patrimoniale:
  - o bilancio di esercizio della comunità energetica, se disponibile (preferibilmente bilanci degli ultimi tre anni);

- situazione patrimoniale aggiornata, inclusiva delle eventuali passività e degli asset detenuti;
- resoconti bancari e finanziari che evidenzino la capacità di sostenere nuovi finanziamenti;

- Contratti di vendita dell'energia:
  - copie dei contratti di vendita dell'energia stipulati con gestori, distributori o altre parti (Power Purchase Agreement, PPA);
  - accordi relativi agli incentivi statali o regionali per l'energia rinnovabile;
  - stime dei prezzi di vendita dell'energia nel mercato di riferimento, in base ai quali viene calcolato il margine di profitto;

- Certificazioni tecniche e documentazione degli impianti:
  - relazione tecnica degli impianti energetici esistenti o previsti (fotovoltaici, eolici, idroelettrici, ecc.);
  - certificazioni di conformità e autorizzazioni necessarie per la produzione e distribuzione dell'energia (ad esempio, connessione alla rete);
  - garanzie tecniche di produttività degli impianti (certificazioni di rendimento);

- Documentazione fiscale:
  - dichiarazioni fiscali degli ultimi anni, per valutare la stabilità fiscale e l'affidabilità della comunità energetica.

Elementi essenziali analizzati dalla Banca

La banca analizza una serie di fattori per determinare il limite di affidamento rotativo e la sostenibilità del finanziamento. Ecco gli elementi chiave che valuta:

- stabilità e prevedibilità dei flussi di cassa:
  - analisi delle proiezioni dei flussi di cassa in entrata, che si basano sui contratti di vendita e sugli incentivi statali per l'energia rinnovabile;

- o proiezioni sulla stabilità del reddito futuro e sulla capacità di coprire le rate dell'affidamento rotativo;
- rating creditizio e solvibilità:
  - o valutazione del rating creditizio della comunità energetica e degli eventuali soci (se richiesto), che serve a determinare la capacità di rimborsare l'affidamento;
  - o analisi del bilancio per verificare la solvibilità e la gestione delle passività;
- capacità tecnica e affidabilità del progetto energetico:
  - o efficienza tecnica degli impianti di produzione (fotovoltaico, eolico, ecc.), con stime di resa e durata nel tempo;
  - o potenzialità di espansione del progetto energetico, considerando l'aumento della domanda energetica;
- risorse finanziarie e capacità di riserva:
  - o presenza di riserve finanziarie o liquidità che possano essere utilizzate per coprire eventuali imprevisti e sostenere il finanziamento;
  - o capacità di accantonamento e gestione prudente del rischio finanziario.
- valutazione degli stakeholders e supporto locale:
  - o presenza di supporti istituzionali o garanzie fornite da enti locali o associazioni di categoria, come la garanzia Cofidi o la controgaranzia MCC, che riducono il rischio di insolvenza.

Garanzie richieste dalla Banca

Per mitigare il rischio di credito, la banca richiede diverse forme di garanzie e riserve.
- Garanzia Cofidi e controgaranzia MCC:
  - o Garanzia Cofidi: una cooperativa di garanzia collettiva (Cofidi) può fornire una garanzia sull'affidamento, coprendo una parte del rischio di

credito. La garanzia Cofidi è particolarmente utile poiché permette di ottenere condizioni di finanziamento più vantaggiose;

- o Controgaranzia del Medio Credito Centrale: la garanzia Cofidi può essere contro garantita dal Medio Credito Centrale (MCC), che copre una parte del rischio residuo, aumentando ulteriormente la solidità della garanzia;

- Deposito di riserva:
  - o la banca può richiedere un deposito di riserva a copertura parziale dell'affidamento. Il deposito funziona come una garanzia aggiuntiva per la banca, ed è determinato come percentuale dell'importo totale del credito (ad esempio, il 10-20% dell'affidamento totale);
  - o tale deposito viene bloccato sul conto InnovEnergy e non può essere utilizzato per le spese correnti, ma viene mantenuto come fondo di sicurezza in caso di mancato pagamento delle rate dell'affidamento.

- Garanzie reali e patrimoniali:
  - o in alcuni casi, la banca può richiedere garanzie reali, come ipoteche sugli impianti energetici o altri asset patrimoniali della comunità energetica;
  - o la comunità può anche offrire asset o partecipazioni in garanzia, a seconda della loro disponibilità.
- Garanzia sui flussi futuri (Assignment of Receivables):
  - o la banca può richiedere una cessione dei crediti futuri derivanti dalla vendita di energia, come ulteriore garanzia. In caso di mancato pagamento, la banca può riscuotere direttamente i proventi.

I KPI (O) permettono di valutare costantemente la performance economica del progetto e di intervenire tempestivamente in caso di scostamenti rispetto alle previsioni. Inoltre, forniscono alla banca una base solida per la valutazione del rischio di credito.

Coperture assicurative per le comunità energetiche
- responsabilità civile: coprire i danni a terzi causati dall'impianto;
- danni per l'impianto per eventi dannosi come incendi, fulmini, atti vandalici;
- perdite di mancato guadagno: coprire le perdite economiche in caso di interruzione prolungata della produzione;
- cyber risk: proteggere i sistemi informatici da attacchi informatici e garantire la continuità operativa.

Le coperture assicurative offrono una protezione aggiuntiva alla banca e alla comunità energetica, mitigando i rischi legati a eventi imprevisti.

Modelli di governance per le comunità energetiche
- cooperativa: modello partecipativo in cui i soci hanno pari diritti e doveri;
- associazione: struttura più flessibile, adatta a comunità più piccole;
- società a responsabilità limitata: modello più adatto a progetti di grandi dimensioni e con finalità commerciali.

Un modello di governance efficace garantisce la sostenibilità a lungo termine della comunità energetica e facilita la collaborazione tra i membri.

Integrazione nel modello di affidamento bancario
- requisiti di governance: la banca potrebbe richiedere alla comunità energetica di adottare un modello di governance trasparente e partecipativo;
- piano finanziario dettagliato: il piano finanziario deve includere una previsione dei flussi di cassa e l'indicazione dei KPI da monitorare;
- politica assicurativa: la comunità energetica deve stipulare le polizze assicurative necessarie per coprire i rischi identificati.

Prospettive future

Le prospettive future per lo sviluppo delle comunità energetiche nel Mezzogiorno sono positive. Le politiche europee e nazionali sostengono la transizione energetica e le Regioni stanno introducendo iniziative per semplificare le procedure e incentivare gli investimenti.

Tuttavia, per raggiungere un pieno sviluppo del settore è necessario:

- un quadro normativo stabile e prevedibile che consenta agli investitori di programmare a lungo termine;
- una maggiore consapevolezza dei cittadini che siano coinvolti attivamente nella progettazione e gestione delle comunità energetiche;
- la diffusione di tecnologie innovative come i sistemi di accumulo e l'intelligenza artificiale, per ottimizzare la gestione dell'energia.

Nota

(O) KPI, o *Key Performance Indicators* (in italiano: Indicatori Chiave di Prestazione), sono metriche utilizzate dalle aziende e dalle organizzazioni per valutare le prestazioni rispetto a obiettivi specifici. I KPI consentono di monitorare l'andamento delle attività strategiche e operative misurando quanto un'organizzazione sta raggiungendo i suoi obiettivi e quanto sta migliorando nel tempo.

I KPI sono fondamentali per:

- guidare le decisioni basate su dati concreti anziché su intuizioni;
- monitorare i progressi verso obiettivi specifici;
- individuare tempestivamente le problematiche o le aree di miglioramento;
- motivare il team mostrando i risultati e le aree in cui l'azienda sta facendo progressi.

Definire KPI chiari e monitorarli costantemente è essenziale per qualsiasi organizzazione che desideri migliorare le proprie prestazioni e ottenere risultati misurabili.

Di seguito è descritto un esempio concreto del funzionamento del conto corrente InnovEnergy C.E. (Comunità Energetica), pensato per supportare le necessità finanziarie delle comunità energetiche.

Esempio aziendale: comunità energetica solare

Profilo della comunità energetica
Nome: Comunità Energetica Solare (C.E. Solare)
Settore: Energie rinnovabili, con focus sul fotovoltaico
Attività principale: Produzione e condivisione di energia solare tra membri della comunità locale
Sede legale: Torino, Italia
Data di costituzione: marzo 2022

Obiettivo
La Comunità Energetica Solare è costituita da un gruppo di cittadini e piccole imprese locali che collaborano per produrre e condividere energia solare. L'obiettivo è di installare impianti fotovoltaici su vari edifici della comunità e distribuire l'energia prodotta tra i membri, riducendo i costi energetici e l'impatto ambientale.

Configurazione del conto corrente InnovEnergy C.E.
Apertura del Conto Corrente InnovEnergy C.E.
C.E. Solare apre il conto corrente InnovEnergy C.E. presso una banca specializzata nel supporto di comunità energetiche. Il conto permette di ottenere un affidamento rotativo da utilizzare per coprire le spese operative, gli investimenti in impianti, la manutenzione e la gestione della comunità energetica.
Affidamento Rotativo Assegnato

- Importo: 100.000 €

- Scadenza: Rinnovabile annualmente, previa valutazione delle performance finanziarie e dei risultati della comunità energetica.

- Tasso di interesse: 3,5% annuo sull'importo utilizzato.

- Commissione di affidamento: 0,5% del totale dell'affidamento, applicata una tantum.

Dopo una valutazione approfondita, la banca concede un affidamento rotativo di 100.000 € alla comunità per permettere l'acquisto di pannelli solari e attrezzature per la produzione e distribuzione di energia.

Documentazione fornita dalla comunità energetica solare
Per ottenere l'affidamento, C.E. Solare presenta la documentazione necessaria alla banca, che include:

1. Progetto tecnico e business plan:
   - descrizione tecnica dell'impianto fotovoltaico, con dettagli sulla capacità di produzione stimata e sulla distribuzione dell'energia tra i membri;
   - piano economico-finanziario triennale, che evidenzia le entrate attese dalla condivisione di energia e i costi operativi previsti.
2. Accordi e statuto della comunità:
   - statuto della comunità energetica, che descrive la struttura della governance e i ruoli di ciascun membro;
   - accordi tra i membri che regolano la condivisione dei benefici economici derivanti dalla produzione di energia.
3. Visura camerale e atti costitutivi:
   - visura camerale aggiornata per verificare la registrazione e la forma giuridica della comunità;
   - atto costitutivo e regolamento che disciplinano le modalità di partecipazione e il diritto alla distribuzione di energia tra i membri.
4. Documentazione integrativa creditizia:

- rapporti di Centrale Rischi e CRIF per valutare il profilo creditizio della comunità e l'esposizione di eventuali membri garantiti;
- dichiarazioni fiscali della comunità e rendicontazione delle prime attività.
5. Profilo storico e descrizione della comunità energetica:
    - profilo storico della comunità, con indicazione dei membri, degli obiettivi di sostenibilità e dei risultati ottenuti finora;
    - certificazioni ambientali o altre attestazioni che dimostrano l'impegno verso la sostenibilità e la riduzione dell'impatto ambientale.

Funzionamento dell'affidamento rotativo

L'affidamento rotativo da 100.000 € consente alla comunità di disporre di liquidità in modo flessibile, utilizzabile in diverse fasi di progetto e rinnovabile con i rimborsi effettuati.

Primo utilizzo: installazione del primo impianto fotovoltaico

La comunità energetica ottiene un preventivo di 60.000 € per installare un impianto fotovoltaico su un edificio scolastico locale.

1. Prelievo dall'affidamento: C.E. Solare preleva 60.000 € per coprire i costi di acquisto e installazione dei pannelli solari;

2. Interessi: gli interessi del 3,5% vengono calcolati su questo importo, generando un costo mensile di circa 175 € per il primo mese;

3. Rimborsi e ritorno economico: la comunità ottiene i primi ricavi dall'energia condivisa, riducendo le spese dei membri e creando un fondo per i rimborsi del credito.

Rimborso e rinnovo della disponibilità

Dopo alcuni mesi, C.E. Solare inizia a ricevere i pagamenti dai membri della comunità per l'energia distribuita. La comunità accumula risparmi e fondi sufficienti per rimborsare i primi 30.000 € dell'affidamento.

- Rimborso del credito: con il rimborso dei 30.000 €, il saldo dell'affidamento disponibile sale a 70.000 €.

- Rinnovo della disponibilità: questo credito è nuovamente utilizzabile per ulteriori progetti o spese di manutenzione.

Secondo utilizzo: manutenzione e ampliamento dell'impianto
Dopo il successo del primo impianto, C.E. Solare pianifica un ampliamento con una nuova installazione per servire un numero maggiore di membri. Questo nuovo progetto richiede una spesa aggiuntiva di 40.000 €.

1. Prelievo dall'affidamento: la comunità utilizza altri 40.000 €, coperti dal credito rotativo rimanente.

2. Interessi: gli interessi vengono calcolati solo sull'importo utilizzato.

3. Rimborso: una volta completato il secondo impianto e stabilizzati i ricavi dalla condivisione energetica, la comunità continua i rimborsi graduali dell'affidamento, ripristinando periodicamente la disponibilità del credito.

Garanzie richieste dalla Banca
Per garantire la sostenibilità e la sicurezza dell'affidamento, la banca ha richiesto una serie di garanzie:

1. Garanzia Cofidi:

   o la banca ha richiesto una garanzia tramite un consorzio di garanzia collettiva fidi (Confidi), che copre il 60% dell'affidamento rotativo, quindi 60.000 €.

2. Controgaranzia del Fondo di Garanzia per le PMI:

   o il Fondo di Garanzia per le PMI copre l'80% della garanzia Confidi, aggiungendo un ulteriore livello di sicurezza e coprendo 48.000 € dell'affidamento complessivo.

3. Deposito di Riserva:

   o è stato richiesto un deposito di riserva pari al 10%
   dell'importo totale dell'affidamento, quindi 10.000
   €, che rimane bloccato come garanzia fino al
   termine dell'affidamento o fino a quando la
   comunità non ottiene il rinnovo annuale.

**Vantaggi del conto InnovEnergy C.E. per la comunità
energetica solare**

1. Flessibilità nella Gestione Finanziaria: l'affidamento
   rotativo permette alla comunità di coprire le spese in
   maniera flessibile, grazie al credito rinnovabile man mano
   che viene rimborsato.

2. Sostenibilità Economica: con i ricavi generati dalla
   condivisione dell'energia, C.E. Solare è in grado di
   rimborsare progressivamente il credito, mantenendo stabile
   la propria capacità di accesso ai fondi.

3. Accesso Agevolato al Credito: grazie alle garanzie
   aggiuntive di Confidi e del Fondo di Garanzia per le PMI,
   la comunità energetica accede al credito con un rischio
   ridotto per la banca, a condizioni agevolate.

4. Supporto alla Crescita della Comunità: il conto
   InnovEnergy C.E. permette alla comunità di espandere
   gradualmente la propria capacità di produzione energetica,
   aumentando il numero di membri serviti e migliorando
   l'efficienza energetica del territorio.

Il Contratto EPC

È il tipo di contratto chiave in mano più ricorrente utilizzato dalle società consolidate che operano nel comparto degli impianti di energie rinnovabili.

Un contratto EPC (Engineering, Procurement & Construction) per le energie rinnovabili è un tipo di contratto "chiavi in mano" specifico per la progettazione, approvvigionamento e costruzione (EPC) di impianti energetici alimentati da fonti rinnovabili, come impianti fotovoltaici, eolici, geotermici, o biomasse. Nel caso di un impianto fotovoltaico, il contratto EPC definisce tutti i passaggi e le responsabilità dell'appaltatore per consegnare al committente un impianto solare completo e funzionante, pronto per generare energia.

Elementi principali di un Contratto EPC per un impianto fotovoltaico

1. Engineering (Ingegneria):
   - questa fase riguarda la progettazione tecnica dell'impianto. Si analizzano vari aspetti, come la posizione, l'irraggiamento solare, l'orientamento dei pannelli, l'efficienza energetica, e le normative locali;
   - vengono sviluppati i piani dettagliati per l'installazione, il dimensionamento dei pannelli, gli

inverter, e tutte le componenti elettriche necessarie per garantire che l'impianto fotovoltaico funzioni correttamente e sia sicuro.

2. Procurement (Approvvigionamento):
    o il contractor EPC si occupa di acquistare tutti i materiali e le attrezzature necessarie, come pannelli solari, inverter, strutture di supporto, sistemi di monitoraggio, cablaggio e altri componenti tecnici;
    o l'obiettivo è procurarsi materiali di alta qualità e conformi agli standard previsti, rispettando il budget e i tempi concordati.

3. Construction (Costruzione):
    o la fase di costruzione comprende l'installazione fisica dei pannelli fotovoltaici e di tutte le componenti elettriche;
    o il contractor si occupa di installare i pannelli, collegarli agli inverter, realizzare la rete di cablaggi e assicurarsi che l'impianto sia collegato alla rete elettrica o ai sistemi di accumulo previsti;
    o una volta completata l'installazione, si procede con la messa in funzione e il collaudo dell'impianto per verificare che funzioni secondo le specifiche progettuali e produca energia secondo i livelli previsti.

Obiettivo di un Contratto EPC "chiavi in mano"

L'obiettivo di un contratto EPC per un impianto fotovoltaico è quello di fornire al committente (ad esempio, un'azienda o un investitore privato) un impianto solare completo, che sia pronto per l'uso senza la necessità di ulteriori lavori. Una volta terminato il progetto, il contractor consegna l'impianto al committente, che può iniziare a produrre energia e, se previsto, a venderla alla rete elettrica nazionale.

Vantaggi del Contratto EPC per le energie rinnovabili

1. Responsabilità unica: il committente ha un unico interlocutore per tutte le fasi del progetto, semplificando la gestione e il coordinamento. Il contractor EPC si occupa di

tutti gli aspetti tecnici e amministrativi, dalla progettazione fino alla consegna finale;

2. prezzo e scadenze predefiniti: i contratti EPC di solito prevedono un prezzo fisso e una scadenza precisa. Questo permette al committente di avere una maggiore certezza sul budget e sui tempi di consegna dell'impianto;

3. riduzione dei rischi: il contractor si assume gran parte dei rischi operativi, come i costi aggiuntivi, i ritardi di costruzione, o i rischi tecnici legati alla costruzione. In caso di problemi, il contractor è responsabile della risoluzione;

4. garanzie di performance: i contratti EPC includono spesso garanzie di performance. Questo significa che l'impianto fotovoltaico dovrà produrre una quantità minima di energia in un determinato periodo. Se l'impianto non raggiunge questi livelli, il contractor può essere soggetto a penali o costretto a realizzare modifiche per raggiungere le performance pattuite.

Limiti di un Contratto EPC

- Costo potenzialmente elevato: il contractor EPC assume tutti i rischi e fornisce un servizio completo. Questo si riflette spesso in un costo più elevato rispetto ad altri tipi di contratti di costruzione;

- flessibilità limitata per il committente: una volta approvato il progetto, le modifiche possono essere difficili e costose, poiché il contractor ha calcolato il prezzo e i tempi su un progetto specifico. Eventuali variazioni potrebbero generare costi aggiuntivi.

Finanziamento anticipato di un Contratto EPC per un impianto fotovoltaico

I contratti EPC richiedono spesso un finanziamento anticipato per coprire i costi iniziali di progettazione e approvvigionamento dei materiali. Per garantire che l'impianto venga completato con successo, il contractor potrebbe richiedere un anticipo sul contratto o una linea di credito da parte di una banca. Questo finanziamento può essere supportato da:

- cessione del credito futuro: il contractor può cedere alla banca i futuri crediti derivanti dal pagamento del

committente, ottenendo un anticipo sulle somme che dovrà incassare;
- garanzie collaterali: beni aziendali, immobili o fideiussioni assicurative possono essere utilizzate come garanzie per ottenere il finanziamento necessario;
- mandato all'incasso: l'azienda può dare un mandato alla banca per incassare i pagamenti dal committente direttamente, riducendo il rischio per l'istituto finanziario.

Iter procedurale per l'anticipo del Contratto EPC

- Necessità di un anticipo: discutere perché le aziende esecutrici richiedono anticipi sui contratti, soprattutto in progetti di grandi dimensioni. L'anticipo consente di coprire le spese iniziali, come l'acquisto di materiali e le spese di logistica;
- percentuali standard di anticipo: in genere, gli anticipi sui contratti EPC per impianti fotovoltaici possono variare, ma si cerca di ottenere almeno un 80% dell'importo totale per garantire il flusso di cassa necessario;
- strumenti e modalità di finanziamento: differenze tra l'anticipo su fatture (c.d. factoring), prestiti a breve termine e altre forme di finanziamento. Focus sulla cessione del contratto come strumento di finanziamento.

Cessione del Contratto EPC e il mandato all'incasso: strategie e vantaggi

- cessione pro solvendo: in un contratto EPC, l'impresa appaltatrice può decidere di cedere il contratto a una banca o a un'istituzione finanziaria per ottenere liquidità immediata. La cessione pro solvendo implica che, in caso di mancato pagamento da parte del committente, l'impresa appaltatrice resta comunque responsabile del rimborso dell'importo anticipato;
- mandato all'incasso: il mandato all'incasso è un accordo con la banca che prevede che i pagamenti da parte del committente siano incassati direttamente dall'istituto finanziario, che poi trattiene le somme dovute per il rimborso del finanziamento. Questo strumento aumenta la

sicurezza per la banca e facilita l'ottenimento dell'anticipo per l'impresa;

- vantaggi della cessione pro solvendo con mandato all'incasso: questa struttura consente all'impresa di ottenere liquidità a un costo inferiore, poiché la banca considera meno rischioso un contratto con mandato all'incasso. Si evita inoltre di intaccare la capacità di credito dell'azienda, utilizzando il contratto come garanzia diretta.

Documentazione e prerequisiti per l'ottenimento dell'anticipo
- Documenti richiesti dalla banca:
  - o il contratto EPC originale e firmato;
  - o bilanci aziendali, business plan e previsioni di cassa,
  - o prova delle capacità tecniche dell'azienda di eseguire il contratto;
  - o garanzie aggiuntive, se richieste dalla banca.
- Analisi del credito e rating aziendale:
  la banca valuta la solidità dell'azienda attraverso una due diligence, prendendo in
  considerazione la capacità dell'impresa di eseguire il contratto e il profilo di rischio.
- Redazione della richiesta formale:
  richiesta di anticipo dettagliata, con specifica dell'importo richiesto (ad esempio,
  l'80% del valore del contratto) e delle modalità di pagamento previste dal contratto.

Aspetti legali e clausole contrattuali importanti
- Clausole di pagamento e garanzie: spiegare le clausole del contratto EPC che regolano il pagamento delle varie fasi e le eventuali penali. Questo è fondamentale per definire la sicurezza del finanziamento con la banca;
- risoluzione anticipata e inadempienze: il contratto EPC dovrebbe prevedere come risolvere le problematiche di mancato pagamento da parte del committente. La banca può chiedere clausole che prevedano il diritto di risoluzione anticipata o il pagamento di una penale;

- responsabilità in caso di cessione pro solvendo: come viene trattata la responsabilità dell'impresa in caso di inadempienza del committente.

Esempio di anticipazione su Contratto EPC per un impianto fotovoltaico

Immaginiamo che un'azienda, GreenPower Srl, firmi un contratto EPC con un contractor, SolariTech S.p.A., per la realizzazione di un impianto fotovoltaico da 1 MW. Secondo i termini del contratto:

- importo totale del contratto: € 1.200.000
- durata del progetto: 8 mesi
- pagamento a stato di avanzamento lavori (SAL): il committente pagherà il contractor in tre tranche, alla fine di ogni fase (progettazione, approvvigionamento, costruzione).

SolariTech S.p.A. si assume la responsabilità di progettare, acquistare i materiali e costruire l'impianto, garantendo che raggiunga una produzione energetica minima di 1.500 MWh all'anno. Se questa soglia non viene raggiunta, SolariTech dovrà implementare migliorie o subire penalità.

Per finanziare il progetto, SolariTech S.p.A. chiede alla banca un anticipo sul contratto EPC, cedendo il credito futuro del pagamento. La banca fornisce una somma di € 800.000 anticipata, con il saldo da incassare alla fine del progetto, quando l'impianto sarà collaudato e funzionante.

Appendice

La cessione pro solvendo è una forma di cessione del credito in cui il cedente (l'azienda titolare del credito) trasferisce un credito a un cessionario (di solito una banca o un'istituzione finanziaria), ma continua a rimanere responsabile per l'adempimento del pagamento. In altre parole, se il debitore ceduto (la parte che deve pagare il credito) non paga, il cedente è tenuto a risarcire il cessionario. Come abbiamo visto questa tipologia di cessione del credito è spesso utilizzata dalle aziende per ottenere un'anticipazione finanziaria sui crediti futuri derivanti da contratti di appalto, come i contratti EPC (Engineering, Procurement & Construction), garantendo liquidità immediata per il progetto in corso. Il cessionario incassa le somme direttamente dal debitore. Se tutto avviene regolarmente, il cedente è liberato e il cessionario ottiene il rimborso del capitale anticipato e dei relativi interessi. Nel caso di mancato pagamento da parte del debitore, il cessionario può esigere dal cedente l'importo anticipato, in quanto la cessione è effettuata con la garanzia pro solvendo.

Differenze tra cessione pro-soluto e cessione pro solvendo
Esiste un'altra forma di cessione del credito: la **cessione pro-soluto**, in cui il cedente trasferisce il credito senza alcuna responsabilità in caso di mancato pagamento.

Caratteristica	Cessione Pro Solvendo	Cessione Pro Soluto
Responsabilità	Il cedente è responsabile del pagamento del credito	Il cedente non è responsabile in caso di mancato pagamento
Rischio per il Cessionario	Minore (il cedente garantisce il pagamento)	Maggiore (il cessionario si assume il rischio di insolvenza)
Costo	Generalmente inferiore per il cedente	Generalmente superiore, poiché il cessionario assume tutto il rischio
Utilizzo	Per anticipi su crediti futuri e progetti a lungo termine	Spesso utilizzato per cessioni a forfait e factoring

Facsimile di mandato all'incasso

Oggetto: Mandato all'incasso su contratto EPC n. [Numero Contratto] per la realizzazione di impianto fotovoltaico da [Potenza in kW]

Tra:

[Nome dell'Azienda Appaltatrice], con sede legale in [Indirizzo], CF/P.IVA [Numero], iscritta al Registro delle Imprese di [Città], in persona del suo legale rappresentante pro tempore [Nome e Cognome] (di seguito "Mandante")

e:

[Nome della Banca], con sede legale in [Indirizzo], iscritta al Registro delle Imprese di [Città], CF/P.IVA [Numero], in persona del suo legale rappresentante pro tempore [Nome e Cognome] (di seguito "Mandatario")

Premesso che:

1. Il Mandante ha stipulato un contratto di appalto EPC con [Nome del Committente], per la realizzazione "chiavi in mano" di un impianto fotovoltaico di circa [Potenza in kW] e relative opere di connessione, per un importo complessivo di € [Importo Contratto].
2. Il Mandante desidera ottenere un'anticipazione da parte del Mandatario a fronte dei crediti che maturerà nei confronti del Committente in virtù del contratto EPC sopra menzionato.
3. A tal fine, il Mandante intende conferire al Mandatario un mandato all'incasso delle somme spettanti derivanti dal contratto EPC.

Si conviene e si stipula quanto segue:

1. Oggetto del Mandato
   o Il Mandante conferisce al Mandatario il mandato irrevocabile di incassare tutte le somme dovute dal

Committente in virtù del contratto EPC n. [Numero Contratto] fino a concorrenza dell'importo anticipato, maggiorato degli interessi e delle commissioni concordate.

2. Obblighi del Mandante
   - Il Mandante si impegna a notificare al Committente l'avvenuto conferimento del mandato all'incasso e a invitarlo a effettuare tutti i pagamenti derivanti dal contratto EPC direttamente a favore del Mandatario.
   - Il Mandante si impegna a non revocare il mandato fino al completo rimborso dell'importo anticipato e delle somme accessorie.

3. Obblighi del Mandatario
   - Il Mandatario si impegna a informare tempestivamente il Mandante di qualsiasi pagamento ricevuto e di trattenere le somme incassate a titolo di rimborso dell'anticipazione, nonché degli interessi e delle commissioni pattuite.

4. Durata del Mandato
   - Il mandato ha durata fino al totale rimborso dell'importo anticipato e delle somme accessorie, e sarà considerato estinto automaticamente a tale data.

5. Altre disposizioni
   - Eventuali modifiche al presente mandato dovranno essere concordate per iscritto tra le parti.
   - Per ogni controversia derivante dal presente mandato, le parti convengono la competenza esclusiva del foro di [Città].

Luogo e data: [Data]

Firma del Mandante: _____

Firma del Mandatario: _____

Schema di accordo di cessione pro solvendo

Oggetto: Accordo di Cessione Pro Solvendo su crediti derivanti dal contratto EPC n. [Numero Contratto]

Tra:

[Nome dell'Azienda Cedente], con sede legale in [Indirizzo], CF/P.IVA [Numero], iscritta al Registro delle Imprese di [Città], in persona del suo legale rappresentante pro tempore [Nome e Cognome] (di seguito "Cedente")

e:

[Nome della Banca Cessionaria], con sede legale in [Indirizzo], iscritta al Registro delle Imprese di [Città], CF/P.IVA [Numero], in persona del suo legale rappresentante pro tempore [Nome e Cognome] (di seguito "Cessionario")

Premesso che:

1. Il Cedente ha stipulato con [Nome del Committente] un contratto EPC per la realizzazione di un impianto fotovoltaico da circa [Potenza in kW], per un valore complessivo di € [Importo Contratto].
2. Il Cedente intende cedere pro solvendo al Cessionario i crediti derivanti dal contratto EPC, al fine di ottenere un'anticipazione fino all'80% del valore del contratto.
3. Il Cessionario ha accettato di acquisire i crediti pro solvendo, a fronte del diritto di incassare le somme dovute dal Committente.

Si conviene e si stipula quanto segue:

1. Oggetto della Cessione
   o Il Cedente cede pro solvendo al Cessionario tutti i crediti attuali e futuri derivanti dal contratto EPC n. [Numero Contratto], fino a concorrenza

dell'importo di € [Importo Anticipato] e delle somme accessorie (interessi e commissioni).

2. Responsabilità del Cedente
   o La cessione è effettuata con la clausola "pro solvendo", pertanto il Cedente resta responsabile nei confronti del Cessionario per l'adempimento del pagamento da parte del Committente. In caso di mancato pagamento da parte del Committente, il Cedente si impegna a rimborsare al Cessionario le somme anticipate.

3. Mandato all'Incasso
   o Il Cedente conferisce al Cessionario un mandato all'incasso irrevocabile delle somme spettanti dal Committente in virtù del contratto EPC. Il Cedente notificherà il Committente della cessione e lo inviterà a effettuare i pagamenti direttamente al Cessionario.

4. Corrispettivo della Cessione
   o A fronte della cessione del credito, il Cessionario erogherà al Cedente un anticipo pari all'80% del valore dei crediti ceduti, ossia € [Importo Anticipato].

5. Obblighi del Cessionario
   o Il Cessionario si impegna a trattenere le somme incassate fino a concorrenza dell'importo anticipato, maggiorato di interessi e commissioni. Qualora il pagamento del Committente non fosse sufficiente a coprire le somme dovute, il Cedente resta responsabile per il rimborso della differenza.

6. Durata dell'Accordo
   o L'accordo resterà in vigore fino all'integrale rimborso dell'anticipo e delle somme accessorie. Al completamento dell'incasso, l'accordo si considera risolto.

7. Controversie
   o Per ogni controversia derivante dal presente accordo, le parti convengono la competenza esclusiva del foro di [Città].

Luogo e data: [Data]

Firma del Cedente: _____

Firma del Cessionario: _____

Note importanti

Entrambi i documenti devono essere adattati in base alle specifiche esigenze contrattuali e al contesto normativo vigente.

È fondamentale che i documenti siano revisionati da un legale esperto in diritto commerciale e finanziario, in quanto sono documenti con implicazioni legali e finanziarie significative.

Ricordare che il committente deve essere formalmente informato dell'accordo di cessione o del mandato all'incasso, per evitare contestazioni sui pagamenti.

Capitolo 11
Energia rinnovabile e paesaggio:
un'integrazione sostenibile?

La crescente diffusione degli impianti di energia rinnovabile in Italia ha portato con sé numerosi benefici economici e ambientali, come discusso nei capitoli precedenti. Tuttavia, un aspetto che spesso suscita un dibattito acceso riguarda l'impatto visivo e ambientale degli impianti stessi sui luoghi e sul paesaggio. L'Italia, nota per la sua straordinaria bellezza naturale e i paesaggi unici, è un Paese che da sempre ha dovuto affrontare la sfida di coniugare sviluppo e tutela del territorio.

La domanda che ci poniamo, quindi, è se l'integrità dei luoghi e della bellezza paesaggistica venga rispettata con la realizzazione degli impianti di energia rinnovabile. Da una parte, vi è l'evidente necessità di ridurre le emissioni di gas serra e di promuovere un'economia sostenibile. Dall'altra, sorge la preoccupazione che l'espansione di tali impianti, se non attentamente pianificata, possa compromettere il patrimonio naturale e culturale che caratterizza il nostro Paese.

Nel corso di questo capitolo esplorerò il delicato equilibrio tra il rispetto del paesaggio e la transizione energetica con particolare attenzione agli impianti solari ed eolici che più di altri pongono problemi legati all'impatto visivo. Attraverso una riflessione personale cercherò di approfondire se sia possibile conciliare la realizzazione di impianti di energia rinnovabile con la salvaguardia dei paesaggi italiani e quali soluzioni tecniche e normative potrebbero favorire questa armonizzazione.

L'Italia è universalmente riconosciuta per la sua bellezza paesaggistica. Dai vigneti della Toscana alle colline umbre, dalle Alpi alle coste del Mediterraneo, ogni angolo del nostro Paese è intriso di storia, cultura e natura. La bellezza del paesaggio non è soltanto un valore estetico ma anche un pilastro fondamentale dell'identità italiana e una risorsa economica vitale, grazie al turismo.

Il paesaggio italiano non è mai stato semplicemente uno scenario naturale è il risultato di un secolare equilibrio tra uomo e ambiente. Le città storiche, le campagne coltivate, i borghi medievali, i campanili e le vigne, tutto questo è parte di un tessuto complesso in cui l'intervento umano ha spesso esaltato, piuttosto che deturpato, la bellezza naturale.

Questo delicato equilibrio, tuttavia, è oggi minacciato da nuove pressioni, tra cui la necessità di costruire infrastrutture energetiche per far fronte alla crescente domanda di energia pulita. Se, da una parte, è fondamentale accelerare la transizione verso un futuro a basse emissioni di carbonio, dall'altra è altrettanto essenziale assicurarsi che la realizzazione di impianti di energia rinnovabile non comprometta l'integrità dei luoghi, distruggendo ciò che rende l'Italia unica.

Da un punto di vista personale e tecnico, il valore del paesaggio non può essere ignorato nella pianificazione della transizione energetica. La salvaguardia del nostro patrimonio naturale e culturale è un imperativo morale, ma anche economico, dato che il turismo paesaggistico è una delle principali risorse per il Paese. La sfida, quindi, è quella di trovare una via sostenibile che consenta di integrare gli impianti di energia rinnovabile nel paesaggio senza comprometterne la bellezza.

Tra le varie fonti di energia rinnovabile, gli impianti solari ed eolici sono quelli che hanno il maggiore impatto visivo sul paesaggio. Le vaste distese di pannelli fotovoltaici e le alte turbine eoliche sono strutture che inevitabilmente trasformano il territorio in cui vengono installate. Questo ha sollevato preoccupazioni tra cittadini, enti locali e ambientalisti che temono che l'eccessiva diffusione di tali impianti possa deturpare paesaggi di grande valore.

Gli impianti fotovoltaici, pur essendo relativamente poco invasivi dal punto di vista ambientale, possono rappresentare un problema dal punto di vista paesaggistico. Le grandi distese di pannelli solari, soprattutto quando installate su terreni agricoli, possono alterare in modo significativo la percezione visiva di un luogo. Paesaggi che per secoli sono stati modellati dall'agricoltura tradizionale rischiano di essere trasformati in campi di vetro e metallo.

Tuttavia, vi sono soluzioni tecniche e progettuali che possono minimizzare l'impatto visivo di questi impianti. La loro installazione su tetti di edifici industriali, commerciali o residenziali è una delle opzioni più promettenti in quanto consente di sfruttare superfici già costruite senza sottrarre terreno agricolo o modificare il paesaggio naturale. Inoltre, esistono oggi tecnologie avanzate, come i pannelli solari integrati nell'architettura, che possono ridurre al minimo l'impatto visivo.

Esempio di pannelli solari integrati nell'architettura

Un'altra soluzione interessante è rappresentata dagli impianti agro-fotovoltaici, che combinano la produzione di energia solare con l'uso agricolo del terreno. In questo modo, è possibile mantenere l'attività agricola e preservare il paesaggio rurale, riducendo al contempo le emissioni di CO_2. Personalmente, ritengo che queste soluzioni innovative siano la chiave per integrare gli impianti fotovoltaici nel paesaggio italiano, senza sacrificarne la bellezza.

Esempio di impianto agro-fotovoltaico a basso impatto ambientale

L'energia eolica rappresenta un altro settore cruciale della transizione energetica, ma le turbine eoliche, con la loro altezza e presenza visiva, possono avere un impatto significativo sul paesaggio. Questo è particolarmente vero in aree di pregio paesaggistico, come le colline toscane o i promontori costieri, dove la presenza di una serie di turbine può alterare in modo sostanziale la percezione visiva del luogo.

Detto ciò, è importante sottolineare che le moderne turbine eoliche sono molto più efficienti e silenziose rispetto al passato e grazie ai progressi tecnologici è possibile installarle in modo più discreto e integrato nel territorio. Inoltre, molte aree marginali o industrializzate, dove l'impatto visivo è meno rilevante, possono ospitare questi impianti senza pregiudicare la bellezza del paesaggio.

Credo che la soluzione per minimizzare l'impatto delle turbine eoliche sul paesaggio italiano consista in una pianificazione attenta e partecipata. È fondamentale evitare l'installazione di impianti eolici in aree ad alto valore paesaggistico o storico e preferire invece luoghi dove l'impatto visivo sia limitato. Inoltre, è essenziale coinvolgere le comunità locali nel processo decisionale in modo da garantire che le scelte siano condivise e sostenibili nel lungo termine.

Esempio di turbina eolica circolare

Esistono tuttavia turbine eoliche di ultima generazione con forme alternative rispetto al design tradizionale a tre pale libere, e una di queste è la turbina eolica circolare. Uno degli esempi più noti è la turbina eolica a forma di anello o con rotore a forma di disco. Queste turbine, chiamate turbine senza pale o a rotore anulare (ring-shaped), sono progettate per sfruttare i principi aerodinamici in modo diverso e possono avere vantaggi come minori vibrazioni e ridotto impatto visivo o acustico.

Le loro più importanti caratteristiche sono:

- invece delle classiche pale, alcune di queste turbine usano un anello circolare che cattura il vento e genera energia tramite un sistema di oscillazione o risonanza;
- le turbine senza pale riducono il rischio di impatti con uccelli e pipistrelli, un problema noto con le turbine tradizionali;
- le forme circolari o senza pale producono meno rumore e sono meno invasive nel paesaggio;
- alcune di queste turbine sono state pensate per essere installate in contesti urbani o su tetti dove le condizioni di vento sono meno favorevoli per le turbine convenzionali.

Un esempio pratico è il progetto della startup spagnola Vortex Bladeless, che ha sviluppato una turbina che genera energia sfruttando le oscillazioni create dal vento su una struttura a forma di cilindro, senza l'uso di pale rotanti.

A dire il vero le turbine circolari o senza pale sono ancora in fase di sviluppo e test ma rappresentano una delle direzioni più promettenti per la produzione di energia eolica nel futuro

Ecco alcune indicazioni sulle dimensioni:

1. turbine eoliche senza pale per uso urbano (come il modello Vortex Bladeless):
   - altezza tipica: da 3 a 10 metri, ideali per installazioni su tetti o in piccoli spazi cittadini;
   - queste versioni compatte sono pensate per sfruttare venti a bassa velocità, perfette per ambienti urbani dove lo spazio è limitato.
2. turbine circolari più grandi per uso industriale:
   - altezza tipica: da 15 a 40 metri o più, paragonabili alle turbine tradizionali di medie dimensioni;
   - queste sono utilizzate in contesti rurali o su larga scala per la produzione di energia commerciale e

possono essere installate in parchi eolici o aree meno densamente popolate.

Esempi di turbine eoliche di ultima generazione di dimensioni ridotte ed a più basso impatto ambientale

Capitolo 12
Riduzione delle dimensioni ed aumento dell'efficienza di pannelli solari, pale eoliche e batterie

Nonostante i progressi fatti, uno degli ostacoli più complessi che ci troviamo ad affrontare è la riduzione delle dimensioni dei pannelli solari, delle turbine eoliche e delle batterie, migliorando contemporaneamente l'efficienza di ciascun dispositivo. Ridurre l'ingombro di questi impianti non solo permetterebbe una maggiore integrazione nelle aree urbane e rurali ma renderebbe anche più semplice il loro trasporto e installazione, abbattendo i costi complessivi.

Ho avuto l'opportunità di osservare da vicino lo sviluppo di queste tecnologie e, con il tempo, sono diventato sempre più consapevole dell'importanza di affrontare le relative problematiche con approcci innovativi. L'idea è piuttosto semplice, più piccolo è il dispositivo, minore è l'impatto visivo e più semplice è la sua installazione, ma per ottenere questi risultati senza sacrificare l'efficienza sono necessarie tecnologie avanzate e soluzioni ingegneristiche estremamente raffinate.

I pannelli solari o, meglio, le celle fotovoltaiche, sono alla base della produzione di energia solare. La sfida principale che i ricercatori hanno cercato di affrontare negli ultimi anni è stata quella di massimizzare l'efficienza di conversione dell'energia solare in elettricità, riducendo al contempo le dimensioni complessive dei moduli. Storicamente, l'efficienza di una cella solare è stata limitata dalle leggi della fisica, in particolare dal cosiddetto limite di Shockley-Queisser, che stabilisce un'efficienza massima teorica del 33,7% per le celle solari di silicio monocristallino. Tuttavia, grazie a innovazioni come le celle multi-giunzione e l'uso di materiali avanzati come la perovskite, che, in particolare, è uno dei materiali più promettenti per il futuro del fotovoltaico. Si tratta di un composto cristallino che può essere applicato come rivestimento sottilissimo sulle celle esistenti, migliorandone l'efficienza senza aumentare le dimensioni del pannello. Uno dei vantaggi più significativi della perovskite è che può essere depositata su superfici flessibili, il che apre la strada a una nuova generazione di pannelli solari leggeri, sottili e adattabili a diverse forme. Questi pannelli flessibili possono essere integrati in materiali da costruzione, facciate di edifici o persino indumenti, trasformando quasi qualsiasi superficie in un potenziale generatore di energia.

Prototipo di maglione futuristico che genera energia con pannelli solari integrati nel tessuto per catturare la luce solare e produrre energia in modo efficiente. Unisce funzionalità ed estetica innovativa

Altra direzione di ricerca promettente riguarda l'ottimizzazione del processo produttivo stesso. Le tecniche di fabbricazione stanno evolvendo per ridurre gli sprechi di materiale e migliorare la qualità dei componenti. Ad esempio, la stampa a getto d'inchiostro per celle solari è una tecnologia emergente che consente di depositare i materiali semiconduttori in maniera più precisa, riducendo il costo e l'impatto ambientale della produzione.

Prototipo di cella solare creata utilizzando la tecnologia di stampa a getto d'inchiostro. Mostra un design moderno e flessibile con dettagli precisi nelle componenti stampate, rappresentando il potenziale delle nuove tecnologie di produzione solare

Le turbine eoliche hanno vissuto un'evoluzione simile, ma con problematiche molto diverse rispetto ai pannelli solari. Per le turbine eoliche la questione è stata ottimizzare il design aerodinamico delle pale per massimizzare la cattura del vento, riducendo al contempo la rumorosità e l'impatto ambientale. Le pale delle turbine eoliche hanno raggiunto dimensioni colossali negli ultimi anni, con rotori che superano i 150 metri di diametro. Tuttavia, la tendenza più recente è quella di ridurre queste dimensioni e l'uso di materiali compositi avanzati come la fibra di carbonio ha consentito la realizzazione di pale più leggere e resistenti, capaci di resistere alle sollecitazioni meccaniche più elevate pur mantenendo un peso ridotto.

Un'altra innovazione significativa riguarda l'uso della biomimetica nel design delle pale. La biomimetica si ispira alle strutture naturali per sviluppare soluzioni tecnologiche più efficienti. In questo caso, l'osservazione delle ali di uccelli e dei movimenti di alcuni pesci ha portato allo sviluppo di pale con forme che minimizzano la resistenza dell'aria e massimizzano la capacità di catturare il vento anche a basse velocità. Queste pale biomimetiche sono più efficienti e permettono di costruire turbine più piccole ma altrettanto potenti.

Esempio di pale eoliche biomimetiche

Un'altra frontiera di innovazione riguarda le turbine verticali che, a differenza di quelle tradizionali ad asse orizzontale, funzionano meglio con venti turbolenti, comuni nelle aree densamente popolate e occupano meno spazio in larghezza.

Se da una parte le innovazioni nei pannelli solari e nelle turbine eoliche hanno permesso di aumentare la produzione di energia rinnovabile, dall'altra la vera sfida che resta da risolvere è come immagazzinare efficacemente questa energia. Le batterie sono il cuore del sistema di accumulo energetico ma le tecnologie attuali, pur avendo fatto grandi progressi, sono ancora limitate dalla loro densità energetica, dimensioni e durata nel tempo.

La maggior parte delle batterie attuali utilizza la tecnologia agli ioni di litio che ha permesso un notevole miglioramento rispetto alle precedenti generazioni, ma che presenta ancora alcune criticità, soprattutto in termini di sicurezza e approvvigionamento di materie prime. La miniaturizzazione delle batterie non riguarda solo la riduzione fisica delle loro dimensioni, ma anche l'aumento della densità energetica, ovvero la quantità di energia che una batteria può immagazzinare per unità di volume o peso.

Spesso si sente parlare del problema delle batterie "ingombranti", della difficoltà di stivare quelle esauste e delle problematiche legate al loro riciclaggio e smaltimento. Queste preoccupazioni sono assolutamente giustificate, poiché il rapido aumento della domanda di batterie al litio ha portato alla necessità di sviluppare soluzioni più efficaci e sostenibili per gestirne il ciclo di vita. Tuttavia, è essenziale affrontare il dibattito con un'analisi tecnica dettagliata e una riflessione equilibrata, tenendo conto delle sfide, ma anche delle opportunità legate a questa tecnologia.

Nel corso di questo capitolo esploreremo la realtà del problema legato alle batterie al litio, analizzando le criticità attuali, ma anche le soluzioni innovative e le prospettive future. Pertanto, desidero offrire un quadro completo che permetta di comprendere meglio l'importanza delle batterie al litio, i rischi associati al loro utilizzo e le strategie per gestirne l'impatto ambientale in modo responsabile.

Prima di affrontare nel dettaglio le problematiche legate al ciclo di vita di questa tipologia è importante comprendere perché questa tecnologia sia così diffusa e quali siano i suoi vantaggi rispetto ad altre tecnologie di accumulo energetico. Le batterie agli ioni di litio sono in grado di immagazzinare una quantità significativa di energia in uno spazio relativamente ridotto. Questo le rende ideali per una vasta gamma di applicazioni, dall'accumulo domestico di energia fino all'alimentazione di veicoli elettrici e dispositivi elettronici portatili. Inoltre, presentano maggiore efficienza di carica-scarica rispetto ad altre tecnologie, con una capacità di recupero dell'energia immagazzinata che può superare il 90%. Anche se il loro ciclo di vita non è infinito, esse offrono comunque un numero significativo di cicli di carica e scarica prima di degradarsi, il che le rende adatte per applicazioni a lungo termine non richiedendo una manutenzione particolarmente complessa rispetto ad altre tecnologie, come ad esempio le batterie al piombo-acido.

Nonostante questi vantaggi, le batterie al litio presentano anche alcune incognite che non possono essere ignorate. Tra queste, vi sono le risorse limitate come il litio, il cobalto e il nichel, tutti materiali utilizzati nella loro produzione e la loro estrazione ha un impatto ambientale non trascurabile, oltre a sollevare preoccupazioni riguardo alla sostenibilità a lungo termine dell'approvvigionamento. Nonostante l'elevata densità energetica, specialmente quelle destinate all'accumulo stazionario di energia, possono risultare voluminose e pesanti, rendendo difficoltosa la loro installazione in contesti dove lo spazio è limitato. Un altro aspetto cruciale è la sicurezza. Le batterie al litio, se danneggiate o mal gestite, possono surriscaldarsi e persino incendiarsi, sebbene i progressi tecnologici abbiano ridotto significativamente questo rischio.

Alla luce di questi vantaggi e svantaggi è evidente che le batterie al litio sono una componente essenziale della transizione energetica ma che la loro diffusione solleva continuamente questioni di sostenibilità e impatto ambientale che richiedono un'attenzione particolare.

Non va sottaciuto che uno dei temi più dibattuti riguarda la loro gestione a fine utilizzo. Le batterie esauste non possono essere semplicemente gettate via poiché contengono materiali che possono essere pericolosi per l'ambiente e la salute umana se non trattati correttamente. Il problema dello stivaggio e dello smaltimento delle batterie usate è quindi una delle questioni più urgenti da affrontare.

Le batterie esauste richiedono uno stoccaggio sicuro prima di essere smaltite o riciclate. Questo può rappresentare un problema logistico non indifferente, soprattutto con l'aumento esponenziale della domanda di accumulo energetico. Le batterie al litio contengono sostanze chimiche che, se non gestite adeguatamente, possono fuoriuscire e contaminare il suolo e le falde acquifere. Inoltre, come accennato in precedenza, esiste un rischio legato al surriscaldamento e all'incendio delle batterie non correttamente immagazzinate.

Attualmente, in molti Paesi, compresa l'Italia, lo stoccaggio delle batterie usate avviene in centri specializzati che dispongono delle necessarie misure di sicurezza per prevenire rischi ambientali e di salute. Tuttavia, con l'aumento della loro quantità queste strutture potrebbero presto diventare insufficienti. È quindi necessario pianificare strategie di gestione a lungo termine, che includano la costruzione di nuove infrastrutture per lo stoccaggio temporaneo e lo sviluppo di tecnologie che consentano un trattamento sicuro ed efficace delle batterie giunte a fine vita.

In Italia, esistono già normative che ne regolano lo smaltimento ma l'implementazione di queste normative non è sempre omogenea e la mancanza di impianti di riciclaggio sufficientemente avanzati rappresenta una barriera significativa. Anche a livello europeo, si stanno adottando politiche per promuovere il riciclo delle batterie, come parte della strategia per l'economia circolare, ma la strada da percorrere è ancora lunga.

Sebbene il problema dello stoccaggio, del riciclo e dello smaltimento delle batterie al litio sia reale e pressante, esistono diverse soluzioni innovative in fase di sviluppo che potrebbero trasformare radicalmente il modo in cui le gestiamo.

Negli ultimi anni, sono stati fatti notevoli progressi nello sviluppo di tecnologie di riciclaggio delle batterie al litio. Nuovi metodi, come il riciclo idrometallurgico, offrono la possibilità di recuperare una percentuale maggiore di materiali preziosi dalle batterie esauste, riducendo la quantità di rifiuti e l'impatto ambientale del processo. Questi metodi sono anche meno energivori rispetto ai processi tradizionali, il che significa che producono meno emissioni di CO_2 e altri gas a effetto serra.

Un'altra area di innovazione riguarda il riciclo diretto, una tecnologia emergente che permette di riparare e riutilizzare componenti delle batterie senza dover separare tutti i materiali che le compongono. Questo approccio ridurrebbe ulteriormente i costi e gli impatti ambientali associati al riciclo, e potrebbe rappresentare una soluzione alternativa più appropriata.

Oltre ai progressi nel campo del riciclaggio, un'altra soluzione chiave è lo sviluppo di batterie al litio con un ciclo di vita più lungo. Allungare la durata delle batterie ridurrebbe il numero di unità da smaltire o riciclare alleviando la pressione sulle infrastrutture di stoccaggio e smaltimento. Ricercatori e aziende stanno lavorando su nuove chimiche delle batterie e miglioramenti dei materiali che potrebbero raddoppiare o triplicare la durata delle attuali batterie al litio.

Inoltre, alcune aziende stanno esplorando la possibilità di utilizzare batterie usate in applicazioni secondarie. Anche se una batteria al litio potrebbe non essere più adatta per alimentare un veicolo elettrico dopo un certo numero di cicli di carica-scarica, essa potrebbe ancora essere utilizzata per l'accumulo stazionario di energia in ambiti meno esigenti, come impianti fotovoltaici domestici o applicazioni industriali a bassa intensità energetica. Questo approccio, noto come "second life", prolunga significativamente l'utilizzo delle batterie e riduce la necessità di riciclaggio immediato.

Un'altra area di ricerca promettente è lo sviluppo di nuove tipologie di batterie come quelle al sodio che sono una delle alternative più promettenti, in quanto utilizzano materiali più abbondanti e meno costosi rispetto al litio. Anche se queste batterie non hanno ancora raggiunto lo stesso livello di prestazioni delle batterie al litio in termini di densità energetica, il loro sviluppo potrebbe ridurre significativamente la dipendenza dai materiali critici e semplificare il processo di riciclaggio.

Ultimamente si stanno sperimentando delle batterie allo stato solido che promettono una maggiore sicurezza e una durata di vita più lunga rispetto alle batterie al litio convenzionali. Queste batterie utilizzano elettroliti solidi al posto degli elettroliti liquidi, riducendo il rischio di incendio e semplificando il processo di smaltimento.

Capitolo 13
Le energie rinnovabili applicate all'agricoltura innovativa e biologica

L'agricoltura è una delle attività umane più antiche ma negli ultimi decenni ha subito una trasformazione radicale grazie all'innovazione tecnologica e alla crescente consapevolezza ambientale. Le sfide attuali, tra cui il cambiamento climatico, la crescita della popolazione globale e la necessità di produrre cibo in modo più sostenibile, hanno spinto verso l'adozione di pratiche agricole più responsabili e innovative. Tra queste, l'integrazione delle energie rinnovabili nell'agricoltura biologica rappresenta un passaggio cruciale per garantire la sostenibilità economica, ambientale e sociale a lungo termine.

Le energie rinnovabili non solo riducono l'impatto ambientale delle pratiche agricole, ma offrono anche una serie di vantaggi economici e operativi. Nel contesto dell'agricoltura biologica e innovativa, l'utilizzo di fonti energetiche pulite contribuisce a ridurre le emissioni di gas serra, a migliorare l'efficienza delle risorse e a supportare pratiche agricole che rispettano la biodiversità e la salute del suolo

L'agricoltura biologica è un sistema di produzione agricola che mira a mantenere la salute degli ecosistemi, delle persone e degli animali, escludendo l'uso di sostanze chimiche di sintesi come pesticidi e fertilizzanti. Invece, si affida a tecniche naturali di gestione del suolo, rotazione delle colture, compostaggio e controllo biologico dei parassiti. Questa metodologia promuove la biodiversità e la fertilità del suolo, riducendo al minimo l'impatto negativo sull'ambiente.

Tuttavia, nonostante i numerosi benefici, questo tipo di agricoltura richiede alcune soluzioni come la necessità di una maggiore efficienza energetica e il mantenimento di rese competitive rispetto a quella convenzionale. È qui che l'innovazione tecnologica e l'integrazione delle energie rinnovabili entrano in gioco, fornendo un supporto fondamentale per raggiungere questi obiettivi.

L'agricoltura innovativa si riferisce invece all'uso di tecnologie avanzate come l'agricoltura di precisione, l'automazione, l'intelligenza artificiale e le tecniche di coltivazione fuori suolo, come l'idroponica e l'aeroponica. Queste tecnologie consentono di ottimizzare l'uso delle risorse naturali e di ridurre l'impatto ambientale, migliorando al contempo la produttività agricola. L'integrazione delle energie rinnovabili in questi contesti può potenziare ulteriormente i risultati, creando un sistema agricolo resiliente, sostenibile ed efficiente.

Esempio di impianto idroponico solare

Una delle applicazioni più dirette delle energie rinnovabili in agricoltura è l'utilizzo dei pannelli fotovoltaici che possono essere installati sui tetti delle fattorie, sulle serre o su terreni agricoli.

In un contesto biologico, dove l'obiettivo è ridurre l'impronta ecologica dell'intero processo produttivo, l'energia solare rappresenta un'opportunità strategica. Ad esempio, può alimentare sistemi di irrigazione automatizzati, sensori per il monitoraggio del suolo e delle colture, e sistemi di illuminazione a led per serre. In particolare, l'irrigazione fotovoltaica si è dimostrata una soluzione efficace per le colture biologiche, poiché permette di utilizzare l'energia solare per alimentare pompe d'acqua, rendendo il processo indipendente dalla rete elettrica e quindi completamente sostenibile.

Un'innovazione particolarmente interessante è l'agrivoltaico, un sistema che integra pannelli solari con le colture agricole. In questo approccio, i pannelli solari vengono installati in modo da permettere la coltivazione di piante sotto di essi, creando una sinergia tra la produzione agricola e quella energetica. L'ombra parziale creata dai pannelli può proteggere le colture dalla luce solare diretta eccessiva, riducendo l'evaporazione dell'acqua e migliorando l'efficienza nell'uso delle risorse idriche. Studi hanno dimostrato che l'ombreggiatura creata dai pannelli solari può anche migliorare la resa di alcune colture sensibili al calore, rendendo questa soluzione particolarmente adatta in aree soggette a temperature elevate.

Esempio di impianto agrivoltaico

Ad aprile 2024, sono stati autorizzati diversi impianti agri voltaici in Puglia e Sicilia dal Ministero dell'Ambiente grazie alle valutazioni di impatto ambientale positive. Tra i progetti approvati, le province pugliesi di Foggia, Brindisi, Lecce e Taranto sono interessate da queste nuove installazioni mentre in Sicilia è stato autorizzato un impianto nella provincia di Caltanissetta.

Il progetto più grande si trova a Nardò, in località Maramonti (Lecce), dove sarà realizzato un impianto fotovoltaico della potenza di circa 67 MW. Questo sistema integrerà anche attività agricole di alta qualità, apicoltura e iniziative sociali. Un impianto di dimensioni simili, con una potenza di 66 MW, sorgerà nel comune di Veglie (Lecce), con il progetto "Spot 40", che prevede anche linee elettriche interrate fino a Salice Salentino e connessioni alla rete ad alta tensione nei comuni di Erchie (Brindisi) e Avetrana (Taranto).

Un altro progetto importante, chiamato "Cerro", sarà sviluppato a San Paolo di Civitate (Foggia) con una potenza di 46 MW e integrerà fotovoltaico e olivicoltura. È stato approvato anche il progetto "Sparpagliata" da 30 MW, situato tra Torre Santa Susanna, Mesagne ed Erchie (Brindisi).

Fuori dalla Puglia, in Sicilia, è stato autorizzato un impianto agrivoltaico di 41 MW, denominato "Villalba", da costruirsi a Villalba (Caltanissetta) con connessioni previste anche nel vicino comune di Marianopoli.

Non dimentichiamo che le serre rappresentano una componente essenziale dell'agricoltura biologica, specialmente in climi freddi o per coltivazioni fuori stagione. L'energia solare può essere utilizzata per riscaldare le serre durante i mesi più freddi riducendo il fabbisogno energetico legato all'uso di combustibili fossili. I sistemi di riscaldamento solare, che utilizzano collettori solari termici, possono mantenere temperature costanti all'interno delle serre, garantendo così una crescita ottimale delle piante senza compromettere la sostenibilità ambientale.

In aggiunta, le serre solari avanzate possono essere equipaggiate con sensori intelligenti per regolare automaticamente la temperatura e l'umidità interna, ottimizzando il microclima per le colture. Questo tipo di innovazione consente di migliorare la produttività agricola e di ridurre i consumi energetici.

Prototipo di serra solare del futuro

Ma anche l'energia eolica è un'altra fonte rinnovabile che può essere efficacemente integrata nel settore agricolo, soprattutto attraverso l'uso di turbine minieoliche. Le mini-turbine eoliche, che generano energia a livello locale, sono particolarmente adatte per le aziende agricole in aree rurali e ventose. Sebbene l'agricoltura biologica tenda a operare su scala ridotta rispetto all'agricoltura convenzionale, l'uso di sistemi di energia eolica permette di coprire il fabbisogno energetico di macchinari, sistemi di irrigazione e altre attrezzature.

Una delle applicazioni eoliche più interessanti in ambito agricolo riguarda l'abbinamento con l'accumulo di energia. Poiché il vento non soffia costantemente, l'energia prodotta in eccesso durante le giornate ventose può essere immagazzinata in batterie garantendo così una fornitura continua di energia. Questa combinazione migliora l'affidabilità dei sistemi energetici nelle aziende agricole biologiche, riducendo la dipendenza da fornitori esterni di elettricità.

La biomassa è una fonte di energia rinnovabile che sfrutta materiali organici come residui agricoli, scarti di colture e letame animale, per produrre energia. Questo tipo di energia è particolarmente interessante per l'agricoltura biologica, che spesso genera una quantità significativa di scarti organici. La digestione anaerobica è una tecnologia chiave che consente di convertire la biomassa in biogas che può essere utilizzato per generare elettricità o calore.

Gli scarti agricoli che vengono trasformati in energia possono essere restituiti al suolo sotto forma di compost o digestato, migliorando la fertilità del terreno senza ricorrere a fertilizzanti chimici. Un ulteriore vantaggio dell'utilizzo della biomassa è la possibilità di diversificare le fonti di reddito per gli agricoltori biologici, che possono vendere l'energia prodotta o i sottoprodotti del processo di digestione anaerobica. In un contesto di economia circolare, l'energia dalla biomassa rappresenta una risorsa preziosa per l'agricoltura innovativa.

Ad esempio, l'energia solare può alimentare droni agricoli per mappare i campi e analizzare la salute delle colture, oppure fornire energia ai sensori che monitorano l'umidità e i nutrienti nel terreno. In questo modo, è possibile intervenire tempestivamente e con precisione, riducendo al minimo l'uso di risorse e l'impatto ambientale.

Le energie rinnovabili stanno diventando sempre più parte integrante anche nell'automazione agricola con l'introduzione di robot e macchine autonome che utilizzano fonti energetiche pulite per svolgere attività quotidiane nelle fattorie.

Ad esempio, i robot agricoli alimentati a energia solare o eolica possono monitorare le colture, raccogliere frutti e gestire il controllo delle infestanti, riducendo la necessità di manodopera e migliorando l'efficienza operativa.

droni e robot alimentati a energia solare ed utilizzati in agricoltura

A questo processo evolutivo va senz'altro aggiunta l'intelligenza artificiale che combinata con le energie rinnovabili potrebbe rivoluzionare l'agricoltura biologica.

I sistemi di intelligenza artificiale possono analizzare grandi quantità di dati raccolti dai sensori e dalle macchine agricole per ottimizzare l'uso delle risorse in tempo reale, garantendo la massima efficienza energetica e produttiva.

Questo tipo di innovazione rappresenta un passo significativo verso un'agricoltura a impatto zero, dove ogni fase del processo produttivo è gestita in modo sostenibile ed efficiente.

l'intelligenza artificiale applicata all'agricoltura
biologica

L'agricoltura idroponica

L'agricoltura idroponica rappresenta una rivoluzionaria tecnica di coltivazione che si discosta radicalmente dalla tradizionale agricoltura in terra. In questo metodo, le piante vengono coltivate in un substrato inerte (come perlite, lana di roccia o fibra di cocco) o direttamente in soluzione nutritiva, senza l'utilizzo del suolo. Al posto del terreno, le piante assorbono i nutrienti necessari alla loro crescita da una soluzione acquosa ricca di sali minerali, appositamente formulata per le diverse specie vegetali. Il substrato, privo di sostanze nutritive, funge da supporto fisico per le radici, consentendo loro di ancorarsi e svilupparsi.

Esistono diversi sistemi di irrigazione idroponica, tra cui: sistema a goccia con la quale la soluzione nutritiva viene erogata lentamente e direttamente alla base delle piante; il sistema a flusso e riflusso dove la soluzione viene pompata periodicamente nelle vasche di coltivazione e poi drenata, garantendo un continuo ricambio il sistema NFT (Nutrient Film Technique) nel caso in cui le radici delle piante vengono sospese su un film sottile di soluzione nutritiva in continuo movimento ed infine il sistema aeroponico nel quale le radici sono sospese in aria e nebulizzate con la soluzione nutritiva.

L'idroponica offre numerosi vantaggi: una produzione più efficiente con un minor consumo d'acqua e una riduzione dell'impatto ambientale. Grazie alla possibilità di controllare con precisione i nutrienti e le condizioni di crescita, le piante crescono più velocemente e producono di più, senza l'utilizzo di pesticidi o fertilizzanti chimici.

L'installazione di una serra idroponica prevede diverse fasi: dalla progettazione iniziale, alla costruzione della struttura, all'implementazione del sistema di coltivazione, fino alla preparazione della soluzione nutritiva e alla messa a dimora delle piante.

Questo tipo di coltivazione offre un ambiente di crescita ideale per un'ampia varietà di piante, grazie alla possibilità di controllare con precisione i fattori ambientali come luce, temperatura e nutrienti. Tuttavia, alcune specie si adattano meglio di altre a questo tipo di coltivazione. Generalmente, le piante che si prestano meglio alla coltura idroponica sono quelle a rapido ciclo vegetativo e con un apparato radicale non troppo invasivo. Ecco alcune delle colture più comuni:

Ortaggi a foglia:

o lattuga: è una delle colture più diffuse in idroponica, grazie alla sua crescita rapida e alla buona adattabilità,

o spinaci: simile alla lattuga, si adatta bene alla coltivazione idroponica e offre raccolti frequenti;

o basilico: questa erba aromatica cresce rigogliosa in idroponica, fornendo foglie fresche e saporite tutto l'anno;

o menta: un'altra erba aromatica molto apprezzata, che si moltiplica rapidamente in idroponica.

Ortaggi da frutto:

o pomodori: molte varietà di pomodoro si adattano bene alla coltivazione idroponica, offrendo frutti gustosi e succosi;

- peperoni: simili ai pomodori, i peperoni richiedono un po' più di attenzione, ma possono dare grandi soddisfazioni;
- cetrioli: crescono velocemente e producono abbondanti frutti in idroponica;
- fragole: alcune varietà di fragole si adattano bene alla coltura idroponica, offrendo frutti dolci e profumati.

Altre colture:
- erbe aromatiche: oltre al basilico e alla menta, molte altre erbe aromatiche come prezzemolo, origano e timo crescono bene in idroponica;
- piante aromatiche: alcune piante aromatiche come la lavanda e la salvia possono essere coltivate con successo in idroponica;
- microgreens: piccole piantine ricche di nutrienti, perfette per insalate e contorni, si prestano molto bene alla coltivazione idroponica.

Esempio di alcune colture in idroponica

Integrazione delle energie rinnovabili nell'agricoltura idroponica

L'agricoltura idroponica, con il suo bisogno costante di energia per l'illuminazione artificiale, la circolazione della soluzione nutritiva e il controllo ambientale, rappresenta un settore ideale per l'integrazione delle energie rinnovabili. Ecco alcune delle applicazioni più comuni:

Fotovoltaico:

- i pannelli fotovoltaici possono fornire l'energia necessaria per alimentare i sistemi di illuminazione artificiale, soprattutto durante i mesi invernali o in ambienti con scarsa luce naturale;
- l'energia solare può essere utilizzata per alimentare le pompe che fanno circolare la soluzione nutritiva nei sistemi idroponici;
- i sensori e i sistemi di controllo climatico possono essere alimentati da energia solare, consentendo di monitorare e regolare costantemente i parametri ambientali della serra.

Esempio di serra idroponica con impianto fotovoltaico

Eolico:

- in zone ventose, le piccole turbine eoliche possono fornire energia elettrica per alimentare le pompe e i sistemi di illuminazione;

- combinando l'eolico con il fotovoltaico, si può garantire una produzione di energia più stabile, anche in condizioni di vento variabile.

Geotermico:

- in zone con alta attività geotermica, l'energia geotermica può essere utilizzata per riscaldare la serra durante i mesi freddi, riducendo così il consumo di energia elettrica;
- l'acqua calda per la soluzione nutritiva può essere riscaldata con l'energia geotermica, riducendo i costi di gestione.

Biomassa:

- la biomassa prodotta dagli scarti agricoli o forestali può essere utilizzata per produrre calore, che può essere impiegato per riscaldare la serra o l'acqua per la soluzione nutritiva.

Progetti pilota di agricoltura idroponica sostenibile a livello internazionale

L'agricoltura idroponica sostenibile è un campo in rapida evoluzione e numerosi progetti pilota stanno nascendo in tutto il mondo. Questi progetti esplorano diverse soluzioni innovative per ottimizzare la produzione alimentare, ridurre l'impatto ambientale e aumentare la resilienza dei sistemi alimentari.

Alcuni esempi di progetti

- Fattorie verticali: in città come Singapore e New York, sono nate fattorie verticali che utilizzano l'idroponica per coltivare una vasta gamma di prodotti agricoli in spazi limitati;
- serre solari passive: in molte regioni, vengono sperimentate serre solari passive che sfruttano l'energia solare per riscaldare e illuminare l'ambiente di coltivazione;
- sistemi di riciclo dell'acqua: progetti che si concentrano sulla riutilizzazione dell'acqua utilizzata per l'irrigazione, riducendo al minimo gli sprechi;
- integrazione con l'acquaponica: combinazione dell'idroponica con l'allevamento ittico per creare sistemi di produzione alimentare circolari.

Caso studio: Sfera, la serra idroponica più grande d'Italia

Sfera: la serra idroponica più grande d'Italia

Un esempio particolarmente significativo è quello di Sfera, una serra idroponica di dimensioni considerevoli situata a Gavorrano, in Toscana. Questo impianto, uno dei più grandi d'Italia, ha attirato l'attenzione per le sue caratteristiche innovative e i risultati ottenuti. Sfera si estende su una superficie di 13 ettari e ha una capacità produttiva notevolmente superiore rispetto a una coltivazione tradizionale. Questo consente di soddisfare una domanda elevata e costante di prodotti freschi e di alta qualità. Sfera, grazie a questo sistema di coltivazione, riesce a ridurre l'utilizzo dell'acqua dell'80-90% rispetto all'agricoltura tradizionale.

Le piante coltivate in questa serra idroponica beneficiano di un ambiente controllato e di una nutrizione precisa. Questo si traduce in prodotti con un sapore più intenso, una shelf-life più lunga e un valore nutrizionale elevato. Questo importante impianto si pone l'obiettivo di essere un modello di agricoltura sostenibile. Oltre al risparmio idrico, l'impianto utilizza energie rinnovabili e adotta pratiche agricole rispettose dell'ambiente.

Ho scelto Sfera come caso studio perché rappresenta un esempio di come l'agricoltura possa innovarsi e adattarsi alle sfide del futuro, come la crescita della popolazione e il cambiamento climatico. Inoltre, le dimensioni dell'impianto dimostrano che l'idroponica può essere applicata su larga scala offrendo un'alternativa sostenibile all'agricoltura tradizionale. Il suo successo dimostra che l'idroponica può essere un'attività economica redditizia, creando nuove opportunità di lavoro e sviluppo locale.

Ma oltre Sfera, esistono numerosi altri esempi di impianti idroponici di successo in Italia e nel mondo. Molte aziende agricole stanno investendo in questa tecnologia per diversificare la produzione, migliorare la qualità dei prodotti e ridurre l'impatto ambientale.

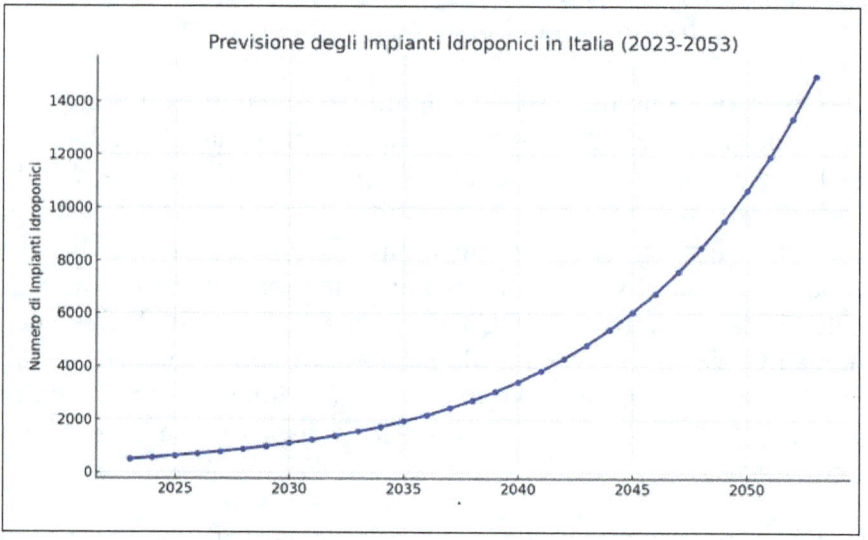

Il grafico mostra il dato previsionale del numero di impianti idroponici in Italia nei prossimi 30 anni, basato su un tasso di crescita annuo medio del 12%. Inoltre, evidenzia l'aumento dell'adozione di tecniche agricole avanzate in Italia.

L'agricoltura acquaponica

Esempio di serra acquaponica con impianto fotovoltaico

L'acquaponica è un sistema di produzione alimentare innovativo che combina l'allevamento ittico e la coltivazione idroponica in un circuito chiuso. In Italia, questa pratica sta guadagnando sempre più terreno, offrendo una prospettiva sostenibile e innovativa per l'agricoltura.

In un sistema acquaponico, i rifiuti prodotti dai pesci (ammoniaca) vengono convertiti in nitrati da batteri benefici. Questi nitrati, a loro volta, diventano nutrimento per le piante coltivate idroponicamente. L'acqua, ricca di nutrienti, viene poi riutilizzata per l'allevamento dei pesci, creando un ciclo continuo e autosufficiente.

Vantaggi dell'acquaponica:
- riduzione dell'utilizzo di acqua, assenza di pesticidi e fertilizzanti chimici, minore impatto ambientale;
- elevata produttività in spazi ridotti grazie all'utilizzo ottimale delle risorse;
- prodotti freschi, sani e nutrienti, coltivati senza l'uso di sostanze chimiche;
- possibilità di coltivare una vasta gamma di piante e allevare diverse specie ittiche.

Un caso studio italiano: The Circle

Un esempio di successo dell'acquaponica in Italia è The Circle, un'azienda agricola situata in Puglia. Nata nel 2017, The Circle è diventata il più grande impianto acquaponico d'Europa, con una superficie di oltre 5000 mq.

Si coltiva una vasta gamma di prodotti, da lattuga e spinaci a erbe aromatiche e pesci come la tilapia. L'azienda utilizza energie rinnovabili e adotta pratiche agricole sostenibili, riducendo al minimo l'impatto ambientale. È un esempio concreto di come l'acquaponica possa essere applicata su larga scala ed essere automaticamente il mezzo evidente della creazione di nuovi posti di lavoro specialmente a favore dei giovani.

Personalmente ritengo che l'acquaponica rappresenti un'altra grande opportunità per l'agricoltura italiana. Sempre più aziende e giovani imprenditori stanno investendo anche in questo settore, attratti dai vantaggi economici e ambientali.

Difatti sulla base delle attuali tendenze e dei fattori sopra menzionati, si stima che il numero di impianti acquaponici in Italia possa crescere in modo esponenziale nei prossimi 30 anni.

Considerando che sempre più consumatori cercano prodotti alimentari coltivati con metodi rispettosi dell'ambiente si può prevedere che nei prossimi 5 anni si assisterà a una crescita significativa del numero di piccoli e medi impianti acquaponici, soprattutto nelle regioni meridionali d'Italia, dove le condizioni climatiche sono favorevoli a questa tipologia di coltivazione. Nei prossimi 10 anni l'acquaponica si affermerà come una pratica agricola diffusa con la realizzazione di impianti di maggiori dimensioni e la creazione di reti di produttori. Ed infine nei prossimi 30 anni l'acquaponica diventerà un elemento fondamentale del sistema agroalimentare italiano.

Previsioni impianti acquaponici in Italia dal 2023 al 2050

Fase di crescita iniziale (2023-2030)

Nei primi anni, gli impianti acquaponici vedrebbero una crescita lenta ma costante, con un numero di nuovi impianti limitato ma crescente, soprattutto grazie a incentivi governativi per l'agricoltura sostenibile e a una maggiore consapevolezza ambientale. La tecnologia inizia a diffondersi maggiormente nelle aree urbane, dove si cercano alternative per coltivazioni locali, fresche e a ridotto impatto ambientale. Stimiamo una crescita del numero di impianti intorno all'8-10% annuo in questa fase.

Accelerazione della crescita (2030-2040)

In questa fase, la tecnologia è più matura e i costi di installazione si riducono, rendendo gli impianti acquaponici accessibili a un numero crescente di piccoli e medi produttori. La crescente richiesta di alimenti sostenibili e locali incentiva ulteriormente la domanda, sia da parte del mercato locale sia dalle catene di supermercati e ristorazione. Il numero di impianti potrebbe aumentare più rapidamente, con una crescita stimata del 12-15% annuo.

Adozione diffusa e ottimizzazione (2040-2050)

Entro il 2050, gli impianti acquaponici potrebbero diventare una parte consolidata dell'industria agricola in Italia, integrandosi con pratiche agricole tradizionali e altri sistemi agricoli tecnologici. Gli impianti saranno ottimizzati per risparmiare acqua e ridurre al minimo l'impatto ambientale, e si diffonderanno sia nelle aree urbane sia in zone rurali. La crescita potrebbe stabilizzarsi, con un numero elevato di impianti ormai consolidato e nuove installazioni meno frequenti, mentre l'attenzione si sposta sull'efficienza e sulla sostenibilità.

Considerazioni finali

L'aumento del numero di impianti dipenderà anche da fattori esterni, come le politiche governative, la disponibilità di finanziamenti e il cambiamento delle preferenze dei consumatori. Se il settore viene incentivato e la tecnologia migliora rapidamente, è plausibile che entro il 2050 l'Italia possa avere migliaia di impianti acquaponici, specialmente nelle città e nelle regioni che adottano modelli di agricoltura urbana e sostenibile. Questa crescita si presenta come una curva in accelerazione tra il 2030 e il 2040, per poi stabilizzarsi entro il 2050, segnando una transizione verso una nuova era agricola.

Serre per la coltivazione di piante medicinali

Esempio di serre solari utilizzate per la coltivazione di piante medicinali

Il settore delle piante medicinali coltivate in serra sta vivendo un periodo di crescente interesse in Italia. Questa tendenza è alimentata da diversi fattori, tra cui:

- aumento della domanda: c'è una crescente richiesta da parte dei consumatori di prodotti naturali e biologici, inclusi integratori a base di erbe e prodotti fitoterapici;
- innovazione tecnologica: l'avvento di nuove tecnologie permette un controllo più preciso delle condizioni ambientali in serra, ottimizzando la crescita delle piante medicinali;
- politiche agricole: incentivi governativi e programmi di sostegno all'agricoltura biologica e sostenibile favoriscono lo sviluppo di questo settore.

Vantaggi e sfide della coltivazione in serra

La coltivazione in serra offre numerosi vantaggi per le piante medicinali:

- protezione dalle avversità climatiche: le piante sono protette da parassiti, malattie e condizioni atmosferiche avverse;

- controllo del microclima: è possibile regolare temperatura, umidità e illuminazione per ottimizzare la crescita e la produzione di principi attivi;
- coltivazione fuori stagione: la possibilità di coltivare tutto l'anno permette di soddisfare una domanda costante;
- qualità superiore: le piante coltivate in serra tendono ad avere un contenuto più elevato di principi attivi e una minore contaminazione da agenti esterni;
- l'Emilia-Romagna si conferma una regione all'avanguardia nella coltivazione di piante officinali. Un recente incontro organizzato da Macfrut e dall'Università di Bologna ha evidenziato una crescita esponenziale del settore negli ultimi anni;
- raddoppio degli ettari coltivati e delle aziende in otto anni;
- i dati presentati sono chiari: tra il 2016 e il 2023, gli ettari dedicati alle colture officinali sono aumentati dell'82%, passando da 236 a 480. Un incremento ancora più marcato si registra per quanto riguarda il numero delle aziende agricole, salite da 306 a 644, con un aumento del 110%;
- una realtà prevalentemente caratterizzata da piccole aziende;
- nonostante questi numeri incoraggianti, emerge una criticità: la maggior parte delle aziende agricole che si occupano di officinali ha dimensioni contenute, con oltre il 91% che coltiva su superfici inferiori ai 2 ettari;
- questa frammentazione del settore presenta sia sfide che opportunità. Da un lato, la dimensione ridotta delle aziende può limitare l'accesso a tecnologie e mercati più ampi. Dall'altro, offre un'opportunità per lo sviluppo di filiere corte e di nicchia, valorizzando la qualità e la tipicità dei prodotti;
- l'importanza della ricerca e della formazione;
- l'Università di Bologna, con il suo Dipartimento di Scienze e Tecnologie Alimentari, svolge un ruolo fondamentale nel supportare lo sviluppo del settore. La ricerca scientifica è infatti indispensabile per individuare nuove varietà, migliorare le tecniche colturali e valorizzare le proprietà benefiche delle piante officinali;
- le prospettive future;

- le prospettive per il settore delle officinali in Emilia-Romagna sono molto positive. La crescente domanda di prodotti naturali e biologici, unita all'impegno delle istituzioni e degli operatori del settore, favorirà un ulteriore sviluppo di questa filiera;
- Spices & Herbs Global Expo: un punto di riferimento per il settore;
- l'evento organizzato da Macfrut, Spices & Herbs Global Expo, rappresenta un'importante occasione per le aziende del settore di confrontarsi, presentare le proprie novità e stringere nuove collaborazioni.

In conclusione, l'Emilia-Romagna si conferma una regione all'avanguardia nella produzione di piante officinali. La crescita esponenziale del settore negli ultimi anni è un segnale positivo, che indica una crescente attenzione verso i prodotti naturali e sostenibili. Tuttavia, è necessario continuare a investire in ricerca, formazione e promozione per consolidare questo trend e valorizzare al meglio le potenzialità di questo comparto.

Capitolo 14
Energia green dagli scarti di potatura e altri rifiuti vegetali: prospettive future

Nel contesto della crescente crisi climatica tra le varie fonti di energia rinnovabile che stanno guadagnando attenzione è l'utilizzo di scarti vegetali, in particolare quelli derivati dalle potature e da altre biomasse agricole, che rappresenta una soluzione innovativa e promettente. Questi materiali, spesso trattati come rifiuti o scarti inutilizzabili, possono invece costituire una risorsa fondamentale per la produzione di energia green contribuendo non solo a ridurre le emissioni di CO_2 ma anche a diminuire il problema della gestione dei rifiuti agricoli e urbani.

La bioenergia, che include la produzione di energia a partire da biomasse vegetali, è una delle soluzioni rinnovabili più versatili. Può essere impiegata per produrre elettricità, calore e biocarburanti, consentendo così di coprire una vasta gamma di necessità energetiche. Tuttavia, affinché questa tecnologia possa essere considerata pienamente sostenibile è essenziale che le biomasse utilizzate non competano con la produzione alimentare o causino danni ambientali. In quest'ottica, gli scarti di potatura e altri residui agricoli si presentano come una soluzione ottimale: rappresentano una fonte di energia abbondante e disponibile, senza interferire con le colture alimentari.

Gli scarti di potatura sono una parte significativa dei rifiuti agricoli e urbani. Si tratta dei rami, foglie, erba e altre parti vegetali che vengono tagliate o rimosse durante la manutenzione di parchi, giardini e terreni agricoli. Il loro smaltimento può essere problematico, in quanto tradizionalmente finiscono nelle discariche o vengono bruciati, contribuendo all'inquinamento atmosferico.

Nel contesto della bioenergia, questi scarti costituiscono una fonte preziosa di materia prima, poiché contengono biomassa lignocellulosica, ovvero una miscela di cellulosa, emicellulosa e lignina. Questi composti sono facilmente trasformabili in energia attraverso vari processi termochimici e biochimici. Ad esempio, la combustione diretta della legna da potatura può essere impiegata per produrre calore, mentre i processi di gassificazione e pirolisi permettono la produzione di combustibili gassosi o liquidi.

La disponibilità di scarti di potatura varia a seconda della regione e della stagione. In aree urbane, il mantenimento del verde pubblico e privato genera grandi quantità di residui, mentre in zone agricole, le potature di frutteti, vigneti e uliveti costituiscono una risorsa significativa, soprattutto nei mesi autunnali e invernali.

Oltre agli scarti di potatura, esistono altre fonti di biomassa derivanti dall'agricoltura e dall'industria alimentare che possono essere utilizzate per la produzione di energia. Tra questi troviamo:

- paglia, steli di mais, gusci di semi, lolla di riso e altri scarti agricoli che rimangono dopo il raccolto;
- scarti derivanti dalla lavorazione di frutta, verdura e cereali;
- piante che crescono spontaneamente o in eccesso nei campi e che possono essere sfruttate come biomassa energetica.

Questi materiali hanno un grande potenziale per la produzione di energia, soprattutto se raccolti e gestiti in modo efficiente, senza sottrarre risorse vitali alla produzione alimentare o forestale.

La combustione è il metodo più semplice e antico per convertire la biomassa in energia. Gli scarti di potatura, opportunamente essiccati, possono essere bruciati per generare calore che può essere utilizzato direttamente per il riscaldamento o per la produzione di energia elettrica tramite turbine a vapore.

La tecnologia della combustione è ben consolidata e ampiamente utilizzata in impianti di piccola e media scala. Tuttavia, presenta alcune limitazioni. La combustione produce emissioni di particolato e gas nocivi e quindi richiede un sistema di abbattimento delle emissioni per rispettare le normative ambientali. Inoltre, la sua efficienza energetica è limitata, soprattutto quando si utilizzano biomasse con un elevato contenuto di umidità.

La gassificazione è un processo termochimico che converte la biomassa solida in un gas combustibile chiamato syngas, composto principalmente da monossido di carbonio, idrogeno e metano. Questo processo avviene in condizioni di carenza di ossigeno, a temperature elevate (tra i 700 e i 1000 °C).

Il syngas prodotto può essere utilizzato per alimentare motori a combustione interna, turbine a gas o celle a combustibile oppure può essere convertito in carburanti liquidi come il metanolo o il diesel sintetico. La gassificazione è una tecnologia molto promettente poiché permette di sfruttare biomasse di bassa qualità, come gli scarti di potatura e di ottenere una maggiore efficienza energetica rispetto alla combustione diretta. Inoltre, il syngas può essere utilizzato in impianti cogenerativi per produrre sia elettricità che calore, migliorando ulteriormente l'efficienza complessiva.

La pirolisi è un altro processo termochimico che, a differenza della gassificazione, avviene in assenza di ossigeno. Questo processo scompone la biomassa in componenti solide, liquide e gassose attraverso l'applicazione di calore a temperature comprese tra 400 e 600 °C. I principali prodotti della pirolisi sono:

- il biochar: un carbone vegetale che può essere utilizzato come combustibile solido o come ammendante del suolo, migliorando la fertilità e catturando carbonio;
- bio-olio: un liquido denso che può essere raffinato per produrre biocarburanti o utilizzato direttamente come combustibile;
- syngas: un gas combustibile simile a quello prodotto nella gassificazione, utilizzabile per generare energia.

La pirolisi è una tecnologia flessibile e può essere adattata a diverse esigenze, in funzione dei prodotti finali desiderati. Tuttavia, come per la gassificazione, richiede impianti tecnologicamente avanzati e un'adeguata gestione dei sottoprodotti.

La digestione anaerobica è un processo biologico in cui microrganismi decompongono la materia organica in assenza di ossigeno, producendo biogas, una miscela di metano (CH_4) e anidride carbonica (CO_2). Questo processo è particolarmente adatto per trattare biomasse umide, come gli scarti verdi delle potature e altri residui vegetali ad alto contenuto d'acqua.

Il biogas prodotto può essere utilizzato direttamente per produrre calore o elettricità, oppure può essere purificato per ottenere biometano, un gas con caratteristiche simili al gas naturale, che può essere immesso nella rete di distribuzione del gas o utilizzato come carburante per i veicoli.

Uno dei principali vantaggi della produzione di energia da scarti di potatura e biomasse vegetali è la riduzione delle emissioni di gas serra. La combustione della biomassa rilascia nell'atmosfera la

CO_2 che le piante hanno assorbito durante la loro crescita, rendendo il processo neutrale dal punto di vista del bilancio del carbonio. Questo è un vantaggio significativo rispetto ai combustibili fossili, che immettono nell'atmosfera carbonio "antico" che era immagazzinato nelle profondità della Terra.

Inoltre, l'uso degli scarti vegetali per la produzione di energia evita che questi materiali finiscano in discarica, dove potrebbero generare metano, un gas serra con un impatto sul riscaldamento globale circa 25 volte superiore a quello della CO_2.

Però una delle principali sfide per l'uso su larga scala degli scarti di potatura e di altre biomasse vegetali è la logistica della raccolta, del trasporto e dello stoccaggio. A differenza dei combustibili fossili, che sono densi di energia e facilmente trasportabili, le biomasse hanno una densità energetica relativamente bassa e possono decomporsi se non conservate correttamente. Soluzioni innovative, come la densificazione in pellet o bricchetti, possono migliorare la gestione e la movimentazione di questi materiali.

Il ruolo dei governi è fondamentale per promuovere l'uso di questi scarti come fonte di energia. Politiche di incentivo, come interventi economici per la produzione di bioenergia, crediti d'imposta e regolamenti che favoriscano l'economia circolare, possono stimolare gli investimenti in questo settore. Allo stesso modo, normative che promuovano l'uso di biocarburanti avanzati e tecnologie a bassa emissione di carbonio saranno fondamentali per il successo di queste soluzioni.

Capitolo 15
Il ruolo delle grandi istituzioni finanziarie nella transizione energetica e nello sviluppo sostenibile

Le grandi istituzioni finanziarie operano in un ecosistema globale altamente interconnesso. Grazie alla loro capacità di mobilitare ingenti quantità di capitale e alla loro influenza nei mercati, sono in grado di orientare gli investimenti verso settori strategici per il futuro dell'economia mondiale. In particolare, la transizione energetica e lo sviluppo di soluzioni a basse emissioni di carbonio rappresentano una delle aree di maggiore interesse per banche e fondi di investimento.

Il crescente interesse delle istituzioni finanziarie verso il settore delle energie rinnovabili deriva da due fattori principali:

1. l'Accordo di Parigi del 2015 ha segnato una svolta nel modo in cui governi e imprese affrontano il cambiamento climatico. Con l'obiettivo di limitare l'aumento della temperatura globale a 1,5°C rispetto ai livelli preindustriali, i Paesi si sono impegnati a ridurre progressivamente le emissioni di gas serra. Questo ha spinto le istituzioni finanziarie a riallineare i loro portafogli di investimento, cercando di evitare il rischio di investimenti in settori ad alta intensità di carbonio (come i combustibili fossili) e promuovendo invece progetti sostenibili;

2. le energie rinnovabili, l'efficienza energetica e le tecnologie pulite rappresentano settori in forte espansione. Le istituzioni finanziarie riconoscono il potenziale economico di questi mercati e investono in iniziative che possano garantire rendimenti a lungo termine. Il costo decrescente delle tecnologie rinnovabili, come solare ed eolico, rende queste soluzioni sempre più competitive rispetto alle fonti di energia tradizionali, creando opportunità significative per investitori e startup.

Per le startup, collaborare con le grandi istituzioni finanziarie può rivelarsi una strategia vincente, non solo per ottenere capitali, ma anche per accedere a risorse strategiche, reti di contatti e competenze specifiche. Le istituzioni finanziarie, dal canto loro, traggono beneficio dall'accesso a tecnologie innovative e a nuovi mercati in espansione.

Caso studio
Il piano decennale di JP Morgan per la transizione energetica

Uno degli esempi più emblematici dell'impegno delle grandi istituzioni finanziarie nella transizione energetica è rappresentato dal piano decennale da 2.500 miliardi di dollari annunciato da JP Morgan Chase nel 2021. Questo ambizioso progetto si inserisce in una strategia più ampia della banca per allineare i propri investimenti agli obiettivi dell'Accordo di Parigi e per promuovere lo sviluppo sostenibile su scala globale.

Il piano si articola su tre principali direttrici:

1. JP Morgan si impegna a fornire capitali per progetti che promuovono l'uso di energie rinnovabili, l'efficienza energetica e lo sviluppo di tecnologie pulite. La banca ha l'obiettivo di allineare i suoi finanziamenti agli impegni dell'Accordo di Parigi, con la prospettiva di raggiungere zero emissioni nette entro il 2050;
2. oltre a ridurre le emissioni di carbonio, il piano prevede investimenti significativi nelle comunità svantaggiate e nelle economie emergenti, con l'obiettivo di promuovere uno sviluppo economico inclusivo e sostenibile. La JP Morgan Development Finance Institution (DFI) è stata creata proprio per facilitare questi investimenti e contribuire al raggiungimento degli Obiettivi di Sviluppo Sostenibile (SDG) delle Nazioni Unite;
3. JP Morgan si impegna a monitorare e riportare regolarmente i progressi verso gli obiettivi di sostenibilità attraverso il suo rapporto annuale ESG. Questo garantisce trasparenza e responsabilità, contribuendo a rafforzare la fiducia degli investitori nei progetti finanziati dalla banca.

Per le startup che operano nel settore delle energie rinnovabili, il piano di JP Morgan rappresenta un'opportunità unica per accedere a capitali e risorse strategiche. La banca non solo offre finanziamenti diretti ma anche supporto in termini di competenze tecniche e manageriali favorendo la crescita di giovani imprese innovative.

Altri casi studio di interventi finanziari per la transizione energetica

Oltre al caso di JP Morgan, esistono molte altre istituzioni e iniziative nel settore finanziario che hanno intrapreso importanti passi verso la sostenibilità e la transizione energetica. Questi esempi possono servire come illuminanti casi studio per analizzare come le finanze possono contribuire a un futuro più verde e sostenibile. Di seguito, vi evidenzierò diversi casi significativi.

Goldman Sachs: iniziative di finanza sostenibile

Goldman Sachs ha annunciato diversi impegni per sostenere la transizione energetica, tra cui un obiettivo di investimento di 150 miliardi di dollari in progetti di sostenibilità entro il 2025. Questi investimenti comprendono tecnologie rinnovabili, efficienza energetica e progetti di infrastruttura sostenibile. La banca ha anche creato un'unità dedicata alla sostenibilità che si occupa di identificare opportunità di investimento a lungo termine che siano in linea con gli Obiettivi di Sviluppo Sostenibile (SDG) delle Nazioni Unite.

Uno degli aspetti più interessanti della strategia di Goldman Sachs è il suo impegno verso la trasparenza e la rendicontazione. La banca ha promesso di pubblicare rapporti annuali sull'impatto ambientale delle sue iniziative di sostenibilità, un passo importante per garantire che gli investimenti siano realmente orientati verso obiettivi ecologici e sociali. Questo approccio proattivo rappresenta un esempio di come una grande istituzione finanziaria possa guidare l'industria verso pratiche più responsabili.

BlackRock: focus sugli investimenti ESG

BlackRock, uno dei maggiori gestori di asset al mondo, ha lanciato diverse iniziative volte a integrare i fattori ambientali, sociali e di governance (ESG) nelle sue strategie di investimento. Nel 2020, Larry Fink, CEO di BlackRock, ha inviato una lettera agli amministratori delegati delle aziende in cui investe, chiedendo loro di affrontare il cambiamento climatico e di pianificare strategie di lungo termine per garantire un futuro sostenibile.

La società ha promesso di aumentare i suoi investimenti in fondi sostenibili e di disinvestire dalle aziende che non dimostrano un impegno sufficiente nei confronti della sostenibilità.

Bank of America: impegno per il cambiamento climatico

Bank of America ha annunciato un impegno di 300 miliardi di dollari per investimenti sostenibili entro il 2030. Questa iniziativa si concentra principalmente su progetti di energie rinnovabili, efficienza energetica e infrastrutture sostenibili. La banca ha anche sviluppato strumenti finanziari come i green bond per supportare progetti che rispettano criteri di sostenibilità.

Un aspetto distintivo del piano di Bank of America è il suo impegno a finanziare progetti che promuovono l'equità sociale, oltre a quelli che affrontano il cambiamento climatico. Questo approccio integrato riconosce che la sostenibilità non riguarda solo l'ambiente, ma anche le comunità e le persone.

European Investment Bank (EIB): sostenibilità e infrastrutture

La Banca Europea per gli Investimenti (EIB) è un attore chiave nel finanziamento della transizione energetica in Europa. Nel 2020, ha annunciato un impegno a destinare almeno il 50% dei suoi finanziamenti a progetti di sostenibilità entro il 2025. Questo include investimenti in energie rinnovabili, efficienza energetica e infrastrutture verdi.

Un caso significativo è la partecipazione dell'EIB al finanziamento del progetto di energia eolica offshore di Hornsea

One, nel Regno Unito, che è uno dei più grandi impianti di energia eolica al mondo. La EIB ha fornito un finanziamento di 1,5 miliardi di euro, contribuendo a sviluppare una fonte di energia rinnovabile che fornisce energia a oltre un milione di case.

L'EIB ha anche assunto un ruolo di leadership nel promuovere standard di sostenibilità tra le altre istituzioni finanziarie, incoraggiando la creazione di un mercato di obbligazioni verdi ben definito e trasparente. Questo approccio non solo finanzia progetti sostenibili, ma crea anche un framework per garantire che gli investimenti siano diretti a iniziative realmente sostenibili.

Citi: investimenti sostenibili e innovazione

Citi ha lanciato un programma di investimento sostenibile da 250 miliardi di dollari entro il 2025, concentrandosi su energie rinnovabili, trasporti sostenibili e gestione delle risorse idriche. La banca ha creato una piattaforma di finanziamento che consente alle aziende di accedere a capitali per progetti sostenibili e innovativi.

Uno degli aspetti chiave della strategia di Citi è la sua attenzione all'innovazione. La banca ha investito in startup che sviluppano tecnologie verdi, come la mobilità elettrica e le soluzioni per la gestione dei rifiuti. Questo approccio non solo supporta la transizione energetica ma promuove anche l'innovazione e la creazione di posti di lavoro in settori emergenti.

Inoltre, Citi ha sviluppato strumenti per misurare e monitorare l'impatto dei suoi investimenti sostenibili, garantendo così trasparenza e responsabilità. Questo approccio è fondamentale per costruire fiducia tra gli investitori e garantire che i fondi siano utilizzati in modo efficace per affrontare le sfide ambientali.

Revolut: finanza sostenibile e impatto ambientale

Revolut, un'app di banking digitale, ha recentemente lanciato iniziative per promuovere la sostenibilità tra i suoi clienti. Attraverso la funzionalità di "Carbon Offset", gli utenti possono monitorare le loro emissioni di carbonio e compensarle investendo in progetti di sostenibilità, come la riforestazione e le energie rinnovabili.

Questo approccio innovativo alla finanza sostenibile è particolarmente interessante perché mira a coinvolgere i consumatori nel processo di sostenibilità. Incoraggiando gli utenti a considerare l'impatto delle loro scelte finanziarie, Revolut contribuisce a creare una maggiore consapevolezza sulle questioni ambientali.

Questi casi studio evidenziano come le istituzioni finanziarie stiano prendendo coscienza dell'importanza della sostenibilità e della responsabilità ambientale. Sebbene ciascuna di queste istituzioni abbia le proprie strategie e obiettivi, è chiaro che l'industria finanziaria sta cercando di adattarsi alle nuove esigenze di un'economia globale sempre più orientata verso la sostenibilità.

Tuttavia, rimane fondamentale che questi sforzi siano genuini e trasparenti. La vera transizione energetica richiede un impegno collettivo che vada oltre il profitto e consideri le esigenze delle persone e del pianeta. La vigilanza continua, l'innovazione e la cooperazione tra tutti gli attori coinvolti saranno essenziali per garantire che la finanza sostenibile non diventi solo un nuovo modo di fare affari, ma un vero motore per il cambiamento positivo e duraturo.

Spesso rifletto sul significato e sulle reali conseguenze degli imponenti interventi finanziari a favore della transizione climatica. La promessa di miliardi di dollari per progetti di sviluppo sostenibile, energie rinnovabili e riduzione delle emissioni è senz'altro lodevole, tuttavia, ritengo che sia necessario analizzare a fondo la natura di questi interventi, la loro reale efficacia e, soprattutto, se dietro a questa facciata non si celi una nuova forma di speculazione finanziaria mascherata da responsabilità ambientale.

Le mie riflessioni si concentrano su diversi punti chiave che desidero esaminare con molta attenzione. Il primo riguarda il potenziale conflitto tra le motivazioni economiche delle grandi istituzioni finanziarie e gli obiettivi ambientali dichiarati. Il secondo aspetto riguarda la struttura degli strumenti finanziari, come i green bond e gli ESG, che, seppur concepiti per sostenere progetti a favore dell'ambiente, potrebbero essere utilizzati in modo strumentale per generare profitti senza apportare reali benefici alla transizione energetica. Infine, mi interrogo su quanto questi interventi tengano realmente conto delle esigenze del pianeta o se si limitino a replicare logiche di mercato ormai consolidate continuando a favorire la crescita economica a scapito dell'ambiente.

Una delle mie principali preoccupazioni è l'apparente inconciliabilità tra gli obiettivi delle istituzioni finanziarie, storicamente orientate al profitto e la necessità di ridurre le emissioni e trasformare i nostri sistemi energetici. Mentre i governi e le organizzazioni non governative (ONG) lavorano per promuovere una transizione energetica inclusiva e sostenibile, le banche e i fondi di investimento mirano a massimizzare il rendimento del capitale investito. Questo potrebbe portare a una tensione tra i principi di sostenibilità e l'obiettivo fondamentale della finanza: generare profitti.

Le istituzioni finanziarie come JP Morgan, abbiamo visto annunciare piani di investimento per la transizione climatica, ribadendo la loro volontà di contribuire alla riduzione delle emissioni di carbonio e al raggiungimento degli obiettivi dell'Accordo di Parigi. Tuttavia, mi chiedo fino a che punto queste dichiarazioni siano guidate da una reale intenzione di proteggere l'ambiente, piuttosto che dall'opportunità di entrare in mercati redditizi che stanno emergendo in risposta alla crisi climatica.

È innegabile che le energie rinnovabili, così come altre tecnologie sostenibili, rappresentano un'opportunità di crescita economica. Ma qual è il costo reale di questa crescita? Per onestà intellettuale devo evidenziare a tutti voi che la finanza tradizionale è costruita su un modello che richiede una crescita continua per generare profitti e questa stessa dinamica è ora applicata alla transizione energetica. Tutto ciò fa parte di una nuova frontiera per potenziare il capitalismo, in cui la sostenibilità diventa esclusivamente un prodotto finanziario da sfruttare piuttosto che un obiettivo da raggiungere.

Purtroppo, uno dei rischi principali associati a questi interventi finanziari è quello del greenwashing: la pratica di presentare iniziative come sostenibili o ecologiche senza che queste portino reali benefici ambientali. Il greenwashing può manifestarsi in vari modi, come l'investimento in progetti che, pur essendo etichettati come verdi, hanno un impatto ambientale limitato o addirittura negativo.

Parlo, ad esempio, di investimenti massicci in gas naturale come "energia ponte" verso un futuro a basse emissioni di carbonio. Sebbene il gas naturale produca meno CO_2 rispetto al carbone o al petrolio, rimane una fonte di energia fossile che contribuisce al riscaldamento globale. Tuttavia, per le istituzioni finanziarie, tali investimenti possono essere presentati come "verdi" o "sostenibili", poiché tecnicamente riducono le emissioni rispetto ad altre fonti energetiche. Ma è questa la transizione che ci serve realmente? O stiamo semplicemente rimandando il problema, mantenendo attive infrastrutture che alla fine dovranno essere abbandonate?

La stessa logica si applica alla produzione e al consumo di energia rinnovabile. L'energia solare ed eolica sono senza dubbio tecnologie fondamentali per la transizione, ma mi chiedo se le modalità di finanziamento e distribuzione di questi progetti tengano veramente conto delle esigenze delle comunità locali e dell'ambiente. La costruzione di enormi parchi solari o eolici richiede grandi quantità di risorse e può avere impatti significativi sugli ecosistemi locali. Tuttavia, poiché questi progetti vengono spesso realizzati su larga scala, è possibile che i benefici economici vengano centralizzati a favore delle grandi aziende, mentre i costi ambientali e sociali vengono scaricati su chi abita su quel determinato territorio

Un altro aspetto che desidero analizzare insieme a voi è la crescente popolarità dei green bond e di altri strumenti di finanza sostenibile. I green bond, obbligazioni emesse per finanziare progetti che hanno un impatto positivo sull'ambiente, sono spesso presentati come un modo innovativo per convogliare capitali verso la transizione energetica. Tuttavia, c'è il rischio che questi strumenti diventino un esclusivo veicolo per la speculazione finanziaria a discapito del cambiamento reale.

Una delle critiche più comuni ai green bond riguarda la mancanza di trasparenza e di standard chiari per definire quali progetti possono essere considerati "verdi". Ad esempio, alcune obbligazioni verdi finanziano progetti che potrebbero non essere così sostenibili come sembrano. Esiste una grande varietà di standard e certificazioni e non tutti i progetti finanziati dai green bond sono effettivamente in linea con gli obiettivi di sostenibilità a lungo termine. Alcuni di questi strumenti vengono utilizzati per finanziare progetti che, pur riducendo le emissioni di carbonio, non affrontano problemi ambientali più ampi, come l'uso intensivo delle risorse naturali o la perdita di biodiversità.

Inoltre, la crescente domanda di prodotti finanziari legati alla sostenibilità potrebbe portare a un'inflazione del valore degli asset verdi. Quando gli investitori cercano disperatamente opportunità per investire in progetti sostenibili, il prezzo di tali asset potrebbe salire, creando una bolla speculativa. Se e quando questa bolla scoppierà, potrebbero esserci conseguenze devastanti per l'economia globale, con impatti negativi anche sui settori realmente sostenibili. In un simile scenario, la transizione energetica rischierebbe di essere compromessa, lasciando il posto a una nuova crisi finanziaria.

Questo fenomeno ricorda, in parte, la crisi dei mutui subprime del 2008. All'epoca, il desiderio di profitto portò le istituzioni finanziarie a investire in prodotti ad alto rischio, mascherati come sicuri. Oggi, il crescente interesse per la sostenibilità potrebbe portare a un eccessivo entusiasmo per i prodotti finanziari verdi, senza una valutazione adeguata dei rischi associati.

Una delle riflessioni che mi trova più critico è il concetto stesso di "crescita verde". Le istituzioni finanziarie e molti governi presentano la transizione energetica come una grande opportunità economica. Sostengono che, investendo in energie rinnovabili, efficienza energetica e tecnologie pulite, possiamo continuare a far crescere le nostre economie, riducendo al contempo l'impatto ambientale.

Tuttavia, questa visione solleva una questione fondamentale: è possibile conciliare la crescita economica infinita con i limiti finiti del pianeta?

La logica della crescita, che ha dominato l'economia mondiale per secoli, si basa sull'idea che possiamo continuare a espandere la produzione e il consumo di beni e servizi senza limiti. Tuttavia, il cambiamento climatico e la crisi ambientale ci hanno dimostrato che questa visione è insostenibile.

Le risorse naturali sono limitate e il nostro attuale modello economico sta esaurendo rapidamente queste risorse, portando a conseguenze catastrofiche per l'ambiente e per l'umanità.

In conclusione, desidero puntualizzare che prima di intraprendere un viaggio imprenditoriale nel campo delle energie rinnovabili è fondamentale comprendere il contesto in cui si opera. Un imprenditore, in questo particolare contesto, deve possedere competenze specifiche. Ecco alcune delle aree chiave su cui concentrarsi e prepararsi:
- comprendere le tecnologie; frequentare corsi specifici che trattano argomenti come l'energia solare, eolica e la gestione delle reti energetiche;
- avere una solida base in gestione aziendale, finanza e marketing in quanto fondamentali per fronteggiare le complessità del mercato;
- essere a conoscenza delle normative locali e internazionali che regolamentano il settore come concessioni, licenze e incentivi fiscali.

Sebbene ci siano molte opportunità, ci sono anche criticità significative da affrontare. La concorrenza è in aumento e le startup devono distinguersi in un mercato affollato.

Va allo stesso tempo considerato che le normative e le politiche possono variare notevolmente da un paese all'altro, rendendo difficile per le startup espandersi a livello internazionale.

Capitolo 16
Verso una mobilità verde: le auto elettriche e ibride nella transizione energetica

Negli ultimi anni, la crescente preoccupazione per il cambiamento climatico e l'inquinamento atmosferico ha spinto molti governi e consumatori verso l'adozione di soluzioni di mobilità più sostenibili. Le auto elettriche (EV) e ibride (HEV) rappresentano una risposta promettente a queste sfide. Questo capitolo esplorerà l'evoluzione di questi veicoli, la loro tecnologia, l'impatto ambientale e le opportunità che offrono per un futuro più verde.

Le auto elettriche sono veicoli alimentati esclusivamente da motori elettrici e batterie ricaricabili. Al contrario, le auto ibride combinano un motore a combustione interna con uno elettrico, offrendo una maggiore flessibilità nel consumo di carburante.

- Auto Elettriche (EV): utilizzano solo energia elettrica;
- Auto Ibride (HEV): combinano motori elettrici e a combustione;
- Ibridi Plug-in (PHEV): possono essere ricaricati da una fonte esterna.

Le auto elettriche funzionano attraverso un motore elettrico alimentato da batterie al litio. Queste batterie sono ricaricabili e offrono una gamma che varia da 150 a oltre 500 chilometri con una singola carica, a seconda del modello.

Tabella 1: Comparazione delle Autonomie di Vari Modelli di Auto Elettriche

Modello	Autonomia (km)	Batteria (kWh)	Prezzo (USD)
Tesla Model 3	423	82	39,990
Nissan Leaf	226	62	27,400
Chevrolet Bolt	416	66	31,000
Hyundai Kona	415	64	34,000

Le auto ibride riducono il consumo di carburante utilizzando una combinazione di motore elettrico e a combustione interna. Ciò consente di sfruttare il motore elettrico nelle fasi di avvio e accelerazione mentre il motore a combustione è attivo durante le fasi di alta velocità.

La ricarica delle auto elettriche può avvenire tramite diverse fonti, inclusi i pannelli solari installati in casa. Le stazioni di ricarica pubbliche sono in continua espansione, con oltre 800.000 punti di ricarica in tutto il mondo nel 2021, secondo l'IEA.

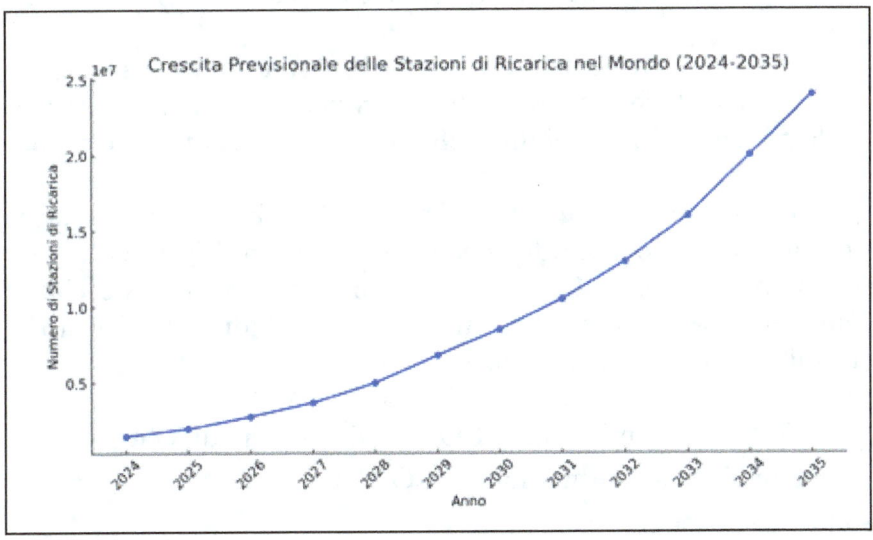

Il grafico mostra le proiezioni di crescita del numero di stazioni di ricarica per veicoli elettrici a livello mondiale nel periodo compreso tra il 2024 e il 2035. Queste previsioni sono basate sulla crescente domanda di infrastrutture di ricarica, trainata dall'espansione dei veicoli elettrici e dall'impegno verso una mobilità più sostenibile.

Interpretazione dei dati:
Il numero di stazioni di ricarica cresce in modo quasi esponenziale, da circa 1,5 milioni di stazioni previste nel 2024 a oltre 24 milioni nel 2035. Ciò riflette l'aumento accelerato del fabbisogno energetico del settore dei veicoli elettrici.

Punti chiave:
2024-2028: un incremento moderato ma stabile, passando da 1,5 milioni a circa 5 milioni di stazioni di ricarica. Questa fase è probabilmente sostenuta dall'infrastruttura iniziale;

2029-2035: in questi anni, l'incremento diventa significativo, con il numero di stazioni di ricarica che aumenta a oltre 20 milioni. Questo è il risultato di incentivi politici e investimenti nel settore delle energie rinnovabili e della mobilità elettrica.

Una rete di ricarica estesa e capillare sarà indispensabile per sostenere l'adozione di massa dei veicoli elettrici, garantendo la praticità e l'accessibilità della ricarica in aree urbane e rurali.

L'adozione di veicoli elettrici e ibridi contribuisce significativamente alla riduzione delle emissioni di gas serra. Uno studio condotto dalla University of California ha mostrato che le auto elettriche emettono fino all'80% in meno di CO_2 rispetto ai veicoli a combustione interna.

Tabella 2: Emissioni di CO_2 di Diversi Tipi di Veicoli

Tipo di Veicolo	Emissioni (g CO_2/km)
Auto a combustione	180
Auto ibrida	90
Auto elettrica	40

Tuttavia, la produzione e lo smaltimento delle batterie come abbiamo precedentemente illustrato sollevano preoccupazioni ambientali. La loro fabbricazione richiede l'estrazione di minerali come il litio, il cobalto e il nickel, il che comporta impatti ecologici. È fondamentale investire in tecnologie di riciclaggio e pratiche di estrazione sostenibili per affrontare queste problematiche.

Casi Studio
Tesla

Tesla è pioniera nella produzione di veicoli elettrici, con modelli che hanno ridefinito il mercato. La loro rete di Supercharger consente ricariche rapide e ha reso più pratico l'uso quotidiano delle auto elettriche.

Toyota

Toyota è stata una delle prime aziende a investire nei veicoli ibridi, introducendo il Prius nel 1997. Il successo del Prius ha spinto altri produttori a seguire l'esempio, accelerando l'adozione di tecnologie ibride.

L'industria automobilistica sta investendo in ricerca e sviluppo per migliorare l'efficienza delle batterie e implementare tecnologie di guida autonoma. Questi sviluppi potrebbero rendere le auto elettriche e ibride ancora più attraenti per i consumatori.

Auto elettriche ad energia solare

Esistono auto elettriche che sfruttano anche l'energia solare, sebbene siano ancora relativamente rare sul mercato. Queste auto sono dotate di pannelli solari installati sul tetto o in altre parti della carrozzeria, che assorbono l'energia del sole per ricaricare la batteria del veicolo.

esempio di auto elettrica con pannelli solari

Alcuni esempi di veicoli in fase di sviluppo o già disponibili sono:

Lightyear 0

- La Lightyear, una startup olandese, ha sviluppato un'auto elettrica chiamata *Lightyear 0*, dotata di pannelli solari integrati. Questa auto è progettata per massimizzare l'efficienza energetica e può aggiungere fino a 70 km di autonomia al giorno tramite l'energia solare in condizioni di luce ottimali.
- La Lightyear ha anche annunciato un modello più accessibile, il *Lightyear 2*, che dovrebbe offrire una maggiore autonomia e sarà più economico.

Sono Motors Sion

- *Sion*, prodotta dall'azienda tedesca Sono Motors, è una delle prime auto elettriche con un sistema di pannelli solari integrati in tutta la carrozzeria. Questi pannelli permettono di estendere l'autonomia quotidiana fino a circa 30 km, rendendola particolarmente interessante per chi fa spostamenti brevi e giornalieri.
- La produzione del Sion ha incontrato alcuni ritardi, ma l'azienda ha comunque continuato a sviluppare la tecnologia solare per il mercato automobilistico.

Hyundai Sonata Hybrid Solar Roof

- Anche se non è completamente elettrica, la Hyundai Sonata Hybrid ha un tetto solare che ricarica la batteria del sistema ibrido. Questa tecnologia contribuisce a prolungare l'autonomia del veicolo e ridurre l'uso del motore a combustione interna, anche se l'auto non è completamente elettrica.

Toyota Prius Prime Solar Edition (in Giappone)

- Toyota ha sviluppato una versione della *Prius Prime* con pannelli solari per il mercato giapponese. Questi pannelli forniscono energia aggiuntiva alla batteria del veicolo e possono anche contribuire alla ricarica mentre è parcheggiata, anche se l'autonomia solare è limitata.

Limiti e sfide

- L'energia solare prodotta dai pannelli montati sull'auto è generalmente insufficiente per caricare completamente una batteria di grandi dimensioni. Le auto solari sono quindi progettate per aumentare l'autonomia di un'auto elettrica piuttosto che sostituire completamente la necessità di una ricarica esterna.
- La superficie disponibile sui veicoli è limitata, quindi, per ora, i pannelli solari rappresentano un aiuto più che una fonte di energia principale.

L'integrazione dei pannelli solari nelle auto elettriche rappresenta comunque una promettente innovazione. Col tempo, e con il miglioramento dell'efficienza dei pannelli, il solare potrebbe giocare un ruolo più rilevante nel settore automobilistico.

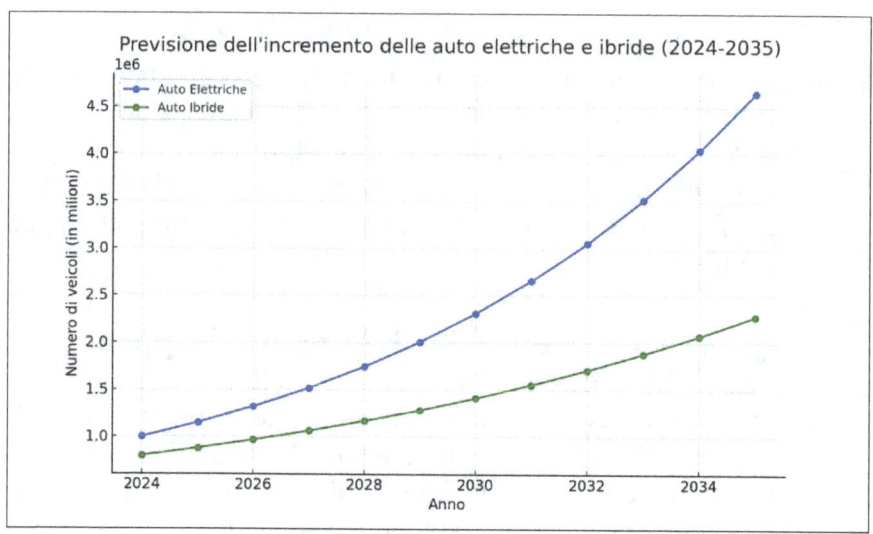

Il grafico rappresenta una previsione dell'incremento del numero di auto elettriche e ibride nel periodo 2024-2035, ipotizzando tassi di crescita annuale rispettivamente del 15% per le auto elettriche e del 10% per le auto ibride. Questa proiezione si basa sulle attuali tendenze del mercato automobilistico che evidenziano un'accelerazione verso l'elettrificazione, sostenuta da incentivi per la riduzione delle emissioni e dall'innovazione tecnologica.

Le auto elettriche (curva blù) mostrano una crescita più rapida rispecchiando una maggiore adozione grazie ai miglioramenti in autonomia e infrastrutture di ricarica. Le auto ibride (curva verde), pur crescendo anch'esse, avanzano con un ritmo più moderato. Il grafico sottolinea la crescente diffusione dei veicoli elettrificati e l'importanza delle politiche verdi nel promuovere una mobilità sostenibile.

Auto a guida autonoma satellitare

Le auto a guida autonoma satellitare rappresentano una delle tecnologie più avanzate nell'ambito della mobilità intelligente. Questo sistema sfrutta una combinazione di tecnologie satellitari, intelligenza artificiale e sensori integrati per consentire a un veicolo di navigare e operare senza intervento umano.

esempio di auto elettrica con controllo satellitare
(guida autonoma)

A differenza dei sistemi di guida autonoma convenzionali, che si basano principalmente su sensori locali come radar e LIDAR, le auto a guida autonoma satellitare utilizzano una connessione GPS ad alta precisione per una maggiore accuratezza di localizzazione, spesso supportata da satelliti di comunicazione per garantire aggiornamenti in tempo reale e una copertura geografica estesa.

Questi sistemi si inseriscono nell'ecosistema della mobilità connessa e, grazie al controllo satellitare, aprono nuove possibilità per la gestione delle flotte, l'ottimizzazione dei percorsi e la sicurezza stradale.

La guida autonoma satellitare si basa su una serie di componenti tecnologiche integrate:
1. GPS ad alta precisione: la posizione del veicolo viene continuamente tracciata tramite GPS differenziale, che utilizza più stazioni di riferimento per ridurre errori e garantire una precisione fino a pochi centimetri;
2. comunicazione V2X (Vehicle-to-Everything): i veicoli scambiano dati con infrastrutture stradali, altri veicoli e server remoti, facilitando il coordinamento del traffico e la sicurezza tramite aggiornamenti in tempo reale;
3. sensori locali (Radar, LIDAR, Camere): nonostante la guida satellitare, i sensori locali forniscono dati aggiuntivi

sull'ambiente circostante, migliorando la capacità di riconoscere ostacoli e adattarsi alle condizioni stradali;

4. intelligenza artificiale e machine learning: algoritmi avanzati elaborano i dati provenienti da satelliti e sensori locali per prendere decisioni ottimali, gestire scenari complessi e migliorare continuamente la propria efficienza.

Le reti satellitari, come i sistemi GPS, Galileo o Beidou, giocano un ruolo cruciale nel fornire informazioni di posizionamento accurato e aggiornamenti in tempo reale. L'integrazione di questi dati satellitari riduce notevolmente la necessità di affidarsi esclusivamente ai sensori locali e migliora la performance del veicolo, soprattutto in condizioni difficili, come in aree scarsamente mappate o in condizioni meteorologiche avverse. La sincronizzazione con satelliti di comunicazione permette inoltre ai veicoli di scambiare grandi quantità di dati con centri di controllo e altre auto, rendendo la gestione del traffico più dinamica e ottimizzata.

I veicoli autonomi satellitari riducono la necessità di infrastrutture stradali altamente specializzate e sensori di terra avanzati. Poiché i satelliti forniscono aggiornamenti in tempo reale sull'ambiente esterno e sul traffico, è possibile diminuire gli investimenti in segnaletica, sensori stradali e altre tecnologie costose. Questa tipologia di autovetture può evitare ingorghi o incidenti e ridurre i tempi di percorrenza.

La connessione costante ai satelliti è essenziale per il loro corretto funzionamento, tuttavia, aree con bassa copertura GPS o interferenze, come zone montuose o tunnel, possono causare interruzioni. Sebbene sistemi avanzati come l'Inertial Measurement Unit (IMU) aiutino a mitigare questi problemi, l'affidabilità della connessione resta ancora una questione da risolvere.

I tempi di latenza nelle comunicazioni tra veicoli e satelliti rappresentano quindi ancora un rischio per la guida autonoma in scenari complessi o pericolosi. La cybersecurity è un altro tema critico: gli attacchi ai satelliti o alle reti di comunicazione potrebbero influenzare la sicurezza e la privacy dei veicoli.

Come abbiamo constatato le città sono ambienti complessi con variabili imprevedibili che rappresentano un problema per le auto autonome satellitari. Gli ostacoli temporanei o i pedoni sono difficili da monitorare esclusivamente tramite satelliti e richiedono l'uso complementare di sensori locali. Senza una perfetta sinergia tra sistemi satellitari e sensori locali, la sicurezza in questi contesti può risultare limitata.

Casi studio significativi
Waymo e la collaborazione con sistemi satellitari
Waymo, una delle aziende leader nel settore della guida autonoma, ha sviluppato un sistema avanzato che integra dati satellitari per migliorare la localizzazione e la precisione dei propri veicoli. Pur non essendo interamente dipendente dai satelliti, Waymo utilizza informazioni satellitari per migliorare la qualità della navigazione, specialmente in aree suburbane e rurali dove i dati delle mappe potrebbero essere meno dettagliati.

Progetto Europeo AUTOPILOT
Il progetto europeo AUTOPILOT ha studiato le possibilità della guida autonoma supportata da dati satellitari e sensori IoT (Internet of Things). In particolare, il progetto ha implementato veicoli autonomi che utilizzano comunicazioni satellitari per adattarsi dinamicamente alle condizioni del traffico, integrando dati da infrastrutture intelligenti e altri veicoli per migliorare la sicurezza e l'efficienza. Le sperimentazioni hanno mostrato come le comunicazioni satellitari potessero contribuire a una guida più stabile e sicura, riducendo i tempi di risposta del veicolo in caso di traffico o cambiamenti stradali imprevisti.

Test di guida autonoma di Nissan in Giappone
Nissan ha sperimentato l'uso di tecnologie satellitari per la guida autonoma nell'ambito del proprio progetto di mobilità intelligente. I test si sono concentrati su una rete satellitare dedicata per ottenere informazioni di navigazione precise in tempo reale, superando le limitazioni delle tecnologie GPS tradizionali.

Questi test si sono rivelati particolarmente utili in aree rurali e periferiche, dove le mappe tradizionali e le infrastrutture stradali sono limitate.

Prospettive future della guida autonoma satellitare

Con l'avvento della tecnologia 5G e dei satelliti a bassa orbita, si prevede che la guida autonoma satellitare potrà migliorare ulteriormente in termini di latenza e larghezza di banda. Questi sviluppi renderanno più affidabili le comunicazioni tra veicoli e satelliti, aprendo possibilità per aggiornamenti ancora più rapidi e una guida fluida in contesti urbani e periferici.

Inoltre, si sta già valutando l'applicazione a guida autonoma satellitare nel settore del trasporto pubblico e commerciale. In contesti come le linee di autobus o i servizi di consegna automatizzata, i veicoli possono beneficiare della precisione e affidabilità dei dati satellitari per rispettare le tempistiche, evitare congestioni e migliorare la sicurezza operativa.

Progetto R.A.R. 3.000 modello "IPERION",

Questo progetto di monorotaia sopraelevata ideato da me con sistema di propulsione ibrido-indotta rappresenta un esempio tangibile di applicazione della guida autonoma satellitare.

Grazie alla sua capacità di muoversi autonomamente su un'infrastruttura dedicata e monitorata via satellite, IPERION può creare collegamenti efficienti e sicuri tra borghi, paesi e città, costituendo un'infrastruttura innovativa di trasporto.

Questo sistema favorisce non solo la mobilità sostenibile e interconnessa ma anche il potenziale movimento turistico come attrattore innovativo sia a livello nazionale che internazionale.

IPERION apre, infatti, nuove prospettive per un turismo intelligente e capillare rendendo più accessibili le mete meno collegate e offrendo ai visitatori un'esperienza di viaggio avanzata e a basso impatto ambientale.

Questo modello integra una serie di innovazioni tecniche ed esattamente:

- propulsione ibrido-indotta: questo sistema combina motori elettrici ad alta efficienza con una struttura a induzione che riduce la resistenza meccanica, garantendo un basso consumo energetico e una maggiore autonomia. La tecnologia ibrido-indotta consente inoltre un'accelerazione fluida e una frenata rigenerativa, ottimizzando l'efficienza energetica in tutte le condizioni operative;

- guida autonoma satellitare con GPS differenziale e IMU: grazie alla connessione con satelliti a bassa latenza e al sistema di navigazione GPS differenziale, il RAR 3000 può garantire una precisione di localizzazione inferiore a 10 cm. L'unità IMU (Inertial Measurement Unit) integrata consente di mantenere la traiettoria anche in zone dove il segnale potrebbe essere temporaneamente basso, assicurando continuità e sicurezza del servizio;

- capacità di trasporto e modularità: ogni unità può trasportare fino a cento passeggeri con moduli interconnessi che facilitano l'espansione della capacità di trasporto in base alla domanda. La modularità dell'IPERION permette di adattare il numero di vagoni al volume di passeggeri, rendendolo estremamente versatile per contesti urbani, rurali e turistici;

- integrazione con rete V2X: la monorotaia IPERION supporta la comunicazione Vehicle-to-Everything (V2X), interagendo con infrastrutture stradali intelligenti e altri veicoli, migliorando la sicurezza e ottimizzando i tempi di percorrenza. Questo consente al sistema di rispondere in tempo reale a condizioni di traffico variabili e a potenziali imprevisti lungo il tragitto nel caso in cui dovesse circolare anche in città

RAR 3000 "IPERION" si presenta quindi come una soluzione innovativa e sostenibile, progettata per rivoluzionare il trasporto interregionale, favorire il turismo e incentivare la connettività tra i territori grazie a un'infrastruttura tecnologica avanzata e autonoma.

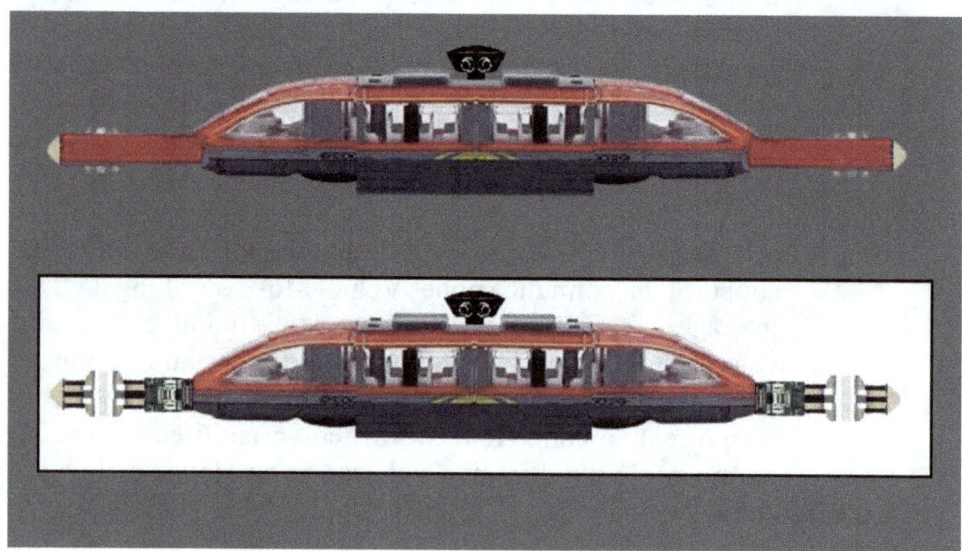

R.A.R. 3.000 modello "IPERION SMART CITY"

Il progetto "IPERION SMART CITY", applicato esclusivamente alla mobilità urbana, si differenzia per l'estetica esterna dal modello "IPERION" e rappresenta un approccio avveniristico alla gestione del traffico e degli spostamenti in una città futuribile e completamente smart.

In questo contesto, il sistema integra tecnologie IoT avanzate, intelligenza artificiale e analisi in tempo reale per ottimizzare il flusso dei trasporti e promuovere una mobilità più sostenibile e intelligente.

Le strade sono equipaggiate con sensori che monitorano continuamente il traffico, mentre semafori intelligenti si adattano automaticamente alle condizioni reali, riducendo ingorghi e tempi di attesa.

I cittadini, mediante app dedicate, possono accedere a informazioni in tempo reale sui mezzi pubblici, sui parcheggi disponibili e sui percorsi ottimali, agevolando gli spostamenti senza interruzioni.

Inoltre, "IPERION SMART CITY" promuove l'uso contemporaneo di veicoli elettrici e condivisi, creando aree di ricarica distribuite e automatizzando la gestione della flotta. Grazie a un sistema di machine learning, il progetto è in grado di anticipare e rispondere dinamicamente a cambiamenti imprevisti nel traffico, adattandosi alle esigenze dei cittadini e contribuendo a un ambiente urbano sostenibile e tecnologicamente all'avanguardia.

Stazione per Monorotaia "IPERION SMART CITY"

Conclusioni

In questo libro ho voluto offrire un contributo significativo sulle energie rinnovabili argomentando e illustrando con esempi e casi studio come questo settore rappresenti non solo una risposta al cambiamento climatico ma anche un'opportunità imprenditoriale di grande valore. Le energie sostenibili, infatti, sono una delle chiavi più promettenti per ridurre la nostra dipendenza dai combustibili fossili e affrontare la crisi ambientale globale. Nonostante i progressi impressionanti negli ultimi anni, in particolare nel settore eolico e fotovoltaico, le energie verdi si trovano ancora di fronte a importanti sfide che richiedono un impegno continuo in innovazione e sviluppo per migliorare ulteriormente efficienza e sostenibilità.

Ritengo fondamentale una collaborazione stretta e sinergica tra istituzioni, imprese e centri di ricerca, poiché solo così sarà possibile accelerare l'innovazione e creare un ecosistema che favorisca l'emergere di nuove soluzioni energetiche. Strumenti come incubatori e acceleratori per startup possono svolgere un ruolo primario nell'attrarre investimenti e nel sostenere lo sviluppo tecnologico, aprendo così la strada a un futuro energetico più resiliente. Inoltre, è imperativo che le opportunità economiche offerte dalle rinnovabili siano accessibili a tutti, evitando che la transizione energetica possa inasprire le disuguaglianze sociali.

Dal punto di vista ambientale, è essenziale che la pianificazione delle nuove installazioni energetiche consideri il contesto paesaggistico e culturale, coinvolgendo le comunità locali per garantire un processo di transizione realmente inclusivo. A questo scopo, le politiche pubbliche devono promuovere e incentivare l'adozione delle soluzioni pulite, prevedendo strumenti di monitoraggio e adattamento dinamico per far fronte ai rapidi sviluppi tecnologici e alle evoluzioni del mercato.

Credo fortemente che educazione e formazione professionale siano i pilastri indispensabili per il successo di questo cambiamento. Investire in programmi formativi mirati può preparare le nuove generazioni e i lavoratori attuali a sfruttare appieno le opportunità che il settore energetico sostenibile offre. Al contempo, sensibilizzare le giovani generazioni sull'importanza delle tecnologie verdi e sul valore di intraprendere carriere in questo ambito contribuirà a consolidare una forza lavoro qualificata in un settore in continua espansione.

Pur riconoscendo la complessità della transizione energetica, sono fermamente ottimista riguardo al futuro. La tecnologia sta avanzando a ritmi rapidi e cresce la consapevolezza collettiva dell'urgenza di adottare soluzioni sostenibili. Con un impegno politico deciso e un supporto comunitario solido, possiamo costruire un futuro in cui le fonti pulite non solo soddisferanno i nostri bisogni energetici ma contribuiranno a creare un mondo più giusto e sostenibile.

In sintesi, il percorso verso un sistema energetico sostenibile è senza dubbio impegnativo ma offre straordinarie opportunità di crescita ed imprenditorialità. La mia visione è quella di un futuro in cui l'energia sarà pulita, accessibile ed equamente distribuita con ogni individuo consapevole del proprio ruolo nel costruire una società più vivibile per tutti.

Elenco dei principali enti e istituzioni a cui rivolgersi

1. Ministero della Transizione Ecologica

- Entità governativa italiana responsabile delle politiche energetiche e ambientali. Si occupa della promozione e della regolamentazione delle energie rinnovabili.
- Servizi offerti: informazioni su finanziamenti, normative e strategie nazionali per la transizione energetica.

2. GSE (Gestore dei Servizi Energetici)

- Ente pubblico che gestisce il sistema elettrico italiano e promuove l'uso delle energie rinnovabili.
- Servizi offerti: incentivi per la produzione di energia da fonti rinnovabili, supporto per l'accesso a bandi e finanziamenti.

3. ENEA (Agenzia Nazionale per le Nuove Tecnologie, l'Energia e lo Sviluppo Economico Sostenibile)

- Agenzia di ricerca che promuove l'innovazione e la sostenibilità nel settore energetico.
- Servizi offerti: ricerca e sviluppo, consulenze, programmi di finanziamento e supporto per startup green.

4. CNR (Consiglio Nazionale delle Ricerche)

- Istituzione di ricerca italiana che collabora con startup e imprese per sviluppare soluzioni tecnologiche sostenibili.
- Servizi offerti: progetti di ricerca, collaborazione su innovazioni energetiche e accesso a finanziamenti.

5. Regioni e Province

- Ogni regione italiana ha politiche e programmi specifici per promuovere l'innovazione e le energie rinnovabili.
- Servizi offerti: finanziamenti e bandi locali, consulenza per progetti energetici.
- Sito Web: consultare il sito web della propria regione per informazioni specifiche.

6. Camere di Commercio

- Enti locali che supportano le imprese nella loro crescita e sviluppo.
- Servizi offerti: informazioni su bandi, opportunità di finanziamento e supporto per la creazione di nuove imprese.

7. Unione Europea

- Entità politica ed economica che offre finanziamenti per progetti innovativi in ambito sostenibile.
- Servizi offerti: programmi come Horizon Europe, incentivi per progetti di ricerca e sviluppo nel settore delle energie rinnovabili.

8. Associazioni di Categoria

- Organizzazioni che rappresentano le imprese e i professionisti del settore energetico.
- Servizi offerti: networking, formazione, supporto normativo e opportunità di business.
- Esempi: ANIE Rinnovabili, Elettricità Futura.

9. Startup Accelerator e Incubatori

- Enti che supportano la crescita di startup attraverso programmi di mentoring, formazione e accesso a finanziamenti.
- Servizi offerti: networking, accesso a investitori, supporto nella redazione di business plan.
- Esempi: H-Farm, Polihub.

10. Istituti di Ricerca Universitari

- Università e centri di ricerca che sviluppano progetti innovativi nel campo delle energie rinnovabili.
- Servizi offerti: collaborazioni su progetti di ricerca, accesso a laboratori e risorse tecniche.
- Esempi: Politecnico di Milano, Università di Bologna.

Glossario

Accordo di acquisto di energia (Power Purchase Agreement - PPA): contratto tra un produttore di energia e un acquirente, in cui si stabiliscono i termini per la vendita e l'acquisto di energia elettrica a lungo termine.

Agrivoltaics: integrazione di impianti fotovoltaici con attività agricole, ottimizzando l'uso del suolo per la produzione di energia e cibo.

Approvvigionamento energetico: modalità di acquisizione di energia da diverse fonti, comprese le rinnovabili, per soddisfare le esigenze di consumo.

Bando: procedura formale attraverso la quale enti pubblici o privati offrono finanziamenti per progetti specifici, richiedendo la presentazione di proposte.

Biomassa: materiale organico di origine vegetale o animale che può essere utilizzato come fonte di energia attraverso processi di combustione o conversione chimica.

Business Plan: documento strategico che descrive gli obiettivi di un'impresa, le strategie per raggiungerli, i costi e le proiezioni di ricavi.

Campagna di sensibilizzazione: iniziativa volta a informare e educare il pubblico riguardo a tematiche specifiche, come l'importanza delle energie rinnovabili.

Capacità installata: la massima quantità di energia che un impianto di produzione può generare, solitamente espressa in megawatt (MW).

Carbon Credit (Credito di carbonio): permesso che consente di emettere una certa quantità di gas serra, che può essere scambiato sul mercato del carbonio. Le aziende possono comprare o vendere crediti in base alle loro emissioni.

Carbon Footprint (Impronta di carbonio): la quantità totale di emissioni di gas serra, espressa in equivalenti di anidride carbonica (CO_2e), generate direttamente o indirettamente da un individuo, un'organizzazione o un prodotto.

Circuito di distribuzione: rete di trasmissione di energia elettrica che porta l'energia dalle centrali elettriche ai consumatori finali.

Clean Energy: energia prodotta da fonti rinnovabili che riducono l'impatto ambientale rispetto alle fonti fossili.

Comunità energetiche: gruppi di individui o enti che collaborano per produrre e consumare energia rinnovabile, promuovendo l'autosufficienza energetica.

Condensatore: cispositivo utilizzato per immagazzinare energia elettrica, spesso in applicazioni come i sistemi di accumulo di energia.

Conversione energetica: processo di trasformazione di una forma di energia in un'altra, ad esempio, da energia cinetica a energia elettrica.

Crowdfunding: metodo di finanziamento collettivo in cui un progetto viene finanziato da un grande numero di persone, spesso tramite piattaforme online.

Decarbonizzazione: processo di riduzione delle emissioni di carbonio nell'atmosfera, spesso attraverso la transizione verso fonti di energia rinnovabile.

Digitalizzazione: integrazione di tecnologie digitali nei processi aziendali, utile per ottimizzare la gestione delle risorse energetiche.

Elettrificazione: processo di trasformazione delle fonti di energia non elettriche in elettricità, facilitando l'uso di energie rinnovabili.

Energia alternativa: fonti di energia diverse dalle tradizionali fonti fossili, come energia solare, eolica e geotermica.

Energia Eolica: energia generata dal movimento dell'aria, trasformata in elettricità attraverso turbine eoliche.

Energia Geotermica: energia estratta dal calore proveniente dalla terra, utilizzata per riscaldamento e produzione di elettricità.

Energia Idroelettrica: energia prodotta dall'uso dell'acqua in movimento, di solito attraverso dighe o turbine.

Energia pulita: energia prodotta da fonti rinnovabili che non emettono gas serra o inquinamento, come solare ed eolico.

Energia Solare: energia derivante dalla radiazione solare, convertita in elettricità tramite pannelli fotovoltaici o concentrata tramite impianti solari termici.

Fonti rinnovabili: fonti di energia che si rigenerano naturalmente e possono essere utilizzate in modo sostenibile, come solare, eolico, idroelettrico, biomasse e geotermia.

Fossile: risorsa energetica derivata da resti organici, come carbone, petrolio e gas naturale, che emette gas serra durante la combustione.

Fattore di capacità: misura della produzione reale di un impianto di energia rispetto alla sua capacità massima, spesso espressa in percentuale.

Gassificazione: processo di conversione di materiali solidi (come biomassa o rifiuti) in gas sintetici che possono essere utilizzati per la produzione di energia.

GSE (Gestore dei Servizi Energetici): ente pubblico italiano che gestisce incentivi e supporti per la produzione di energia rinnovabile.

Green Building: edifici progettati e costruiti con metodi sostenibili che riducono l'impatto ambientale e migliorano l'efficienza energetica.

Greenwashing: pratica ingannevole di marketing in cui un'azienda presenta le proprie pratiche come più ecologiche di quanto non siano in realtà.

Hydroponics: tecnica di coltivazione di piante in soluzione nutritiva anziché in terra, che può essere combinata con sistemi energetici rinnovabili per migliorare la sostenibilità.

Impatto ambientale: effetti delle attività umane sull'ambiente, in particolare in relazione alla qualità dell'aria, dell'acqua e del suolo.

Incentivi fiscali: agevolazioni economiche offerte dal governo per promuovere investimenti in determinati settori, come le energie rinnovabili.

Infrastruttura energetica: rete di impianti e tecnologie necessarie per la produzione, trasmissione e distribuzione di energia.

Innovazione disruptive: innovazioni che cambiano radicalmente il mercato, spesso creando nuovi modelli di business e sostituendo quelli esistenti.

Investimenti sostenibili: investimenti in attività che promuovono pratiche ambientali e sociali responsabili.

Leggi ambientali: normative che disciplinano l'impatto ambientale delle attività economiche e stabiliscono requisiti per la sostenibilità.

Microrete: piccola rete elettrica che può funzionare autonomamente o in connessione con una rete più grande, spesso alimentata da fonti rinnovabili locali.

Mitigazione: azioni intraprese per ridurre o prevenire le emissioni di gas serra e gli effetti dei cambiamenti climatici.

Net Zero (Emissioni Nette Zero): condizione in cui le emissioni di gas serra sono bilanciate da rimozioni di gas serra dall'atmosfera, raggiungendo un equilibrio.

Normativa energetica: insieme di leggi e regolamenti che disciplinano la produzione e l'uso dell'energia in un dato paese.

Pannello solare fotovoltaico (PV): dispositivo che converte la luce solare in energia elettrica utilizzando celle fotovoltaiche.

Pitch: presentazione concisa e persuasiva di un'idea imprenditoriale, spesso utilizzata per attrarre investitori.

Piano di business: documento strategico che delinea gli obiettivi di un'azienda, le strategie per raggiungerli e le risorse necessarie.

Percezione pubblica: opinioni e atteggiamenti della società nei confronti di un'azienda, prodotto o iniziativa, spesso influenzati da campagne di marketing e comunicazione.

Rete decentralizzata: sistema di produzione e distribuzione di energia che non si basa su un'unica fonte centrale, ma su molteplici fonti locali.

Rete di distribuzione: sistema che porta l'energia elettrica dai punti di generazione ai consumatori finali.

Rinnovabilità: capacità di una risorsa energetica di rigenerarsi naturalmente nel tempo.

Sistemi di accumulo: tecnologie che immagazzinano energia per un uso futuro, come batterie agli ioni di litio, pompe idrauliche o sistemi di accumulo termico.

Smart Grid (Rete Intelligente): rete elettrica che utilizza tecnologia digitale per monitorare e gestire il flusso di energia, migliorando l'efficienza e l'affidabilità.

Smart Meter: dispositivo che misura il consumo di energia in tempo reale e comunica queste informazioni con il fornitore di energia per una gestione più efficiente.

Sostenibilità: capacità di soddisfare i bisogni attuali senza compromettere la capacità delle future generazioni di soddisfare i propri bisogni.

Sostenibilità economica: capacità di un'impresa o di un progetto di mantenersi economicamente nel tempo, generando profitti senza compromettere l'ambiente.

Sostenibilità sociale: pratiche che promuovono il benessere della comunità e l'inclusione sociale, spesso correlate a iniziative di responsabilità sociale d'impresa.

Tassonomia verde: classificazione di attività economiche sostenibili, utilizzata per orientare gli investimenti verso progetti che contribuiscono agli obiettivi di sostenibilità.

Transizione energetica: processo di cambiamento del mix energetico verso fonti rinnovabili e sostenibili, riducendo l'uso di fonti fossili.

Turbina Eolica: dispositivo che converte l'energia cinetica del vento in energia meccanica, che può poi essere trasformata in elettricità.

Utility Scale: impianti di produzione di energia rinnovabile di grande scala, progettati per fornire elettricità a una rete elettrica su vasta scala.

Veicolo Elettrico (EV): veicolo che utilizza un motore elettrico alimentato da batterie ricaricabili, contribuendo a ridurre le emissioni di gas serra.

Waste-to-Energy (Rifiuti in Energia): tecnologie che trasformano i rifiuti in energia, spesso attraverso processi di combustione o gassificazione.

Voltaico: relativo all'uso dell'energia solare per la produzione di elettricità attraverso il fotovoltaico.

Bibliografia

1. Agnoli, A., & Bologna, R. (2020). Sostenibilità e Innovazione: Nuove Frontiere delle Energie Rinnovabili. Milano: Edizioni Ambiente.
2. Bertoldi, P., & D'Aguanno, F. (2019). Energie Rinnovabili: Tecnologie e Politiche per il Futuro Energetico. Roma: CNR.
3. Bocci, M., & Modica, F. (2021). Smart Energy Management: Tecnologie e Strategie per la Transizione Energetica. Roma: Edizioni Ambiente.
4. European Commission. (2022). Renewable Energy Directive (RED II).
5. GSE (Gestore dei Servizi Energetici). (2023). Rapporto Annuale 2022 sulle Energie Rinnovabili in Italia.
6. International Renewable Energy Agency (IRENA). (2021). Renewable Power Generation Costs in 2020. Abu Dhabi: IRENA.
7. KPMG. (2021). The Future of Energy: Investment and Innovation in Renewable Technologies. Londra: KPMG Publications.
8. Ministero della Transizione Ecologica. (2022). Linee Guida per la Transizione Energetica. Roma: MITEC.
9. Montgomery, W. D. (2018). Economics of Renewable Energy. Cambridge: Cambridge University Press.
10. Rinaldi, A. (2021). Il Futuro delle Startup Green: Opportunità e Sfide nel Settore Energetico. Torino: Franco Angeli.
11. Rogers, E. M. (2019). Diffusion of Innovations. New York: Free Press.
12. Schott, P. R., & Strub, K. (2019). Innovations in Renewable Energy Technology: Strategies for Success. New York: Wiley.
13. UNEP (Programma delle Nazioni Unite per l'Ambiente). (2021). Global Trends in Renewable Energy Investment 2021.

14. World Bank. (2022). Harnessing the Power of Renewable Energy: Opportunities for Africa. Washington, D.C.: World Bank Publications.
15. Zhang, X., & Liu, J. (2020). Green Energy: Challenges and Opportunities. Singapore: Springer.
16. Zhao, X., & Chiu, H. (2022). Smart Cities and Sustainability: Innovations in Urban Energy Systems. London: Routledge.

Riviste Specializzate e Atti di Convegni

17. Benson, E. (2020). "Renewable Energy Investment Trends: Insights from Global Conferences," Renewable Energy Journal, 45(3), 203-215.
18. Conference on Renewable Energy Technology. (2021). Proceedings of the 2021 Conference on Renewable Energy Technology. Milano: Associazione Italiana per le Energie Rinnovabili.
19. Energy Research & Social Science. (2021). Special Issue: Innovations in Renewable Energy and Startup Ecosystems, 71, 1-100.
20. International Journal of Renewable Energy Research (IJRER). (2022). "Startups in Renewable Energy: Opportunities and Challenges," IJRER, 12(1), 45-60.
21. Journal of Cleaner Production. (2021). "Circular Economy and Renewable Energy: Synergies and Innovations," Journal of Cleaner Production, 310, 127-145.
22. Renewable Energy World Conference. (2023). Proceedings of the 2023 Renewable Energy World Conference. Londra: Renewable Energy Association.
23. Sustainable Energy Technologies and Assessments. (2020). "Innovative Business Models for Renewable Energy Startups," Sustainable Energy Technologies and Assessments, 39, 92-102.
24. Solar Energy Materials and Solar Cells. (2022). "Advancements in Photovoltaic Technology and Market Trends," Solar Energy Materials and Solar Cells, 245, 111-125.

25. Wind Energy. (2021). "The Role of Startups in Advancing Wind Energy Technologies," Wind Energy, 24(5), 675-690.

Indice

Biografia

Il dott. Vincenzo Dell'Aere, laureatosi in Economia e Commercio, ha lavorato per oltre 30 anni presso la Banca Commerciale Italiana, successivamente confluita in Intesa Sanpaolo, in qualità di quadro direttivo ricoprendo posizioni specialistiche.

Durante il suo lungo percorso professionale il dott. Dell'Aere ha acquisito una vasta esperienza nell'ambito della consulenza bancaria, della finanza agevolata e del credito agrario innovativo. Grazie anche alle sue competenze in management aziendale ed in project management, ha contribuito in modo significativo al successo delle operazioni finanziarie ed all'ottimizzazione delle risorse nelle aziende clienti.

Dopo una solida esperienza nella gestione di investimenti, analisi dei rischi e pianificazione strategica, ha deciso di indirizzare le sue competenze verso nuovi settori in forte crescita e rilevanza globale: il turismo innovativo e sostenibile, la rivoluzione tecnologica e la transizione climatica. Questa scelta è stata guidata dalla consapevolezza dell'importanza di affrontare le sfide ambientali e di contribuire alla costruzione di un futuro più sostenibile.

L'approccio finanziario gli ha permesso di valutare e ottimizzare l'utilizzo delle risorse promuovendo investimenti che coniugano la sostenibilità ambientale con l'efficienza economica. Questo metodo si è rivelato cruciale per lo sviluppo di destinazioni turistiche attente all'ambiente e capaci di generare benefici economici duraturi.

Parallelamente, ha approfondito l'impatto delle nuove tecnologie sul settore turistico, studiando come queste possano rivoluzionare il modo in cui viaggiatori e aziende interagiscono. Ha esplorato l'uso delle tecnologie digitali per migliorare l'efficienza operativa delle strutture ricettive, come i sistemi IoT per la gestione intelligente delle risorse energetiche e idriche.

Inoltre, ha esaminato l'applicazione della blockchain per aumentare la trasparenza nelle transazioni turistiche, migliorando la sicurezza e la fiducia tra i vari attori del settore. Questo tipo di tecnologia si è dimostrata particolarmente utile per la tracciabilità delle emissioni di carbonio, promuovendo un approccio più consapevole e responsabile ai viaggi.

Oltre all'innovazione tecnologica ha studiato strategie per abbattere le emissioni di CO_2 promuovendo soluzioni come il turismo di prossimità e l'adozione di mezzi di trasporto a basso impatto come il suo Progetto R.A.R. 3.000 Imperion.

Ma oltre al suo impegno nel campo finanziario, il dott. Dell'Aere fin da quando era ragazzo ha sempre coltivato una grande passione per la storia e l'archeologia. Ha visitato a fondo numerosi siti archeologici in Italia ed all'estero ed ancora oggi continua a coltivare questa sua passione dedicando gran parte del suo tempo alla ricerca ed alla divulgazione.

La sua combinazione unica di competenze nel campo bancario e nella storia lo rende una figura capace di integrare il rigore e l'analisi del settore finanziario con la curiosità e la profondità intellettuale del mondo storico-archeologico.

Storico, scrittore, conferenziere e formatore, la sua reputazione di esperto e studioso lo ha portato ad essere ospite in importanti programmi radiofonici e televisivi, tra cui Radio Rai Uno, Rai Uno e Rai Due, Gold TV, Sky, Marco Polo, Telenorba, ecc.

Inoltre, ha avuto l'opportunità di lavorare come autore e coautore per documentari prodotti dalla Rai e da altre emittenti televisive contribuendo così a diffondere la conoscenza storica attraverso i mezzi di comunicazione di massa.

Ha scritto undici saggi e numerose monografie sulle antiche civiltà del passato, Federico II di Svevia, Castel del Monte, i Templari, la simbologia ermetica, le cattedrali gotiche ecc., che sono state tradotte in diverse lingue e per tali ricerche ha ricevuto prestigiosi riconoscimenti internazionali e premi italiani.

Sin dal 1994 ha ideato e promosso convegni ed itinerari turistici a livello nazionale ed internazionale per incrementare l'afflusso di visitatori in Italia ed in Puglia.

Nel 1997 è stato nominato responsabile storico-culturale per i *"Giochi del Mediterraneo",* un evento di rilevanza internazionale tenutosi a Bari, ideando ed attuando una manifestazione multiculturale che ha attirato migliaia di visitatori.

Nel 1997/99 è stato l'ideatore e l'ispiratore del Progetto di riqualificazione del Borgo Antico di Bari che si è sviluppato con il *"Piano Urban Misura uno e due",* portando la città ad una nuova dimensione internazionale quale attrattore turistico di eccellenza.

Nel 2002 è stato il formatore/docente del Corso innovativo *"Promotore Turistico con l'utilizzo di strumenti multimediali"* per conto della Fidet Puglia, della durata di 40 ore.

È anche l'ideatore e creatore di itinerari tematici *"esperienziali"* inediti e visite guidate *"sapienziali"* inseriti nel sito web www.iluoghidelsapere.it che fa parte del suo Progetto Polifunzionale di Turismo Innovativo denominato *"Voglia di Puglia 4.0".* Questo progetto mira a valorizzare particolarmente la regione pugliese attraverso la conoscenza dei suoi più interessanti luoghi storici e culturali inserendo anche quelli meno noti alla massa e non inclusi dai tour operator nei loro cataloghi turistici.

Il 14 settembre 2023 è stato pubblicato il suo libro *"I Templari: oltre il mito, oltre la storia"* ed in seguito in Polonia la versione in inglese con distribuzione mondiale.

Il 18 settembre 2023 è stato pubblicato a Middletown (Usa) il suo libro *"Guida strategica all'innovazione turistica 4.0 esplorando le potenzialità dell'intelligenza artificiale"* che, grazie ai contenuti avveniristici ed altamente tecnologici, sta riscuotendo un crescente e lusinghiero successo fra istituzioni ed addetti ai lavori.

Il Dott. Dell'Aere è il Project Manager di progetti polifunzionali e/o transfrontalieri da attuare in Italia ed all'estero per conto di committenti pubblici e/o privati. Coloro che vogliono avvalersi della sua specifica consulenza e competenza professionale possono contattarlo.

Per contattare l'autore
Phone: + 39 351 985 916
vincenzodellaere@libero.it
vincenzodellaere@pec.it

VINCENZO DELL'AERE

GUIDA STRATEGICA
ALL'INNOVAZIONE TURISTICA 4.0
ESPLORANDO LE POTENZIALITA'
DELL'INTELLIGENZA ARTIFICIALE

Amazon

Su AMAZON in versione cartacea ed e-book kindle

Vincenzo Dell'Aere

La destagionalizzazione turistica

progetti innovativi e strategie vincenti

Su AMAZON in versione cartacea ed e-book kindle

I Templari oltre il mito, oltre la storia

Dell'Aere Vincenzo

(leggende, misteri, segreti)

Su AMAZON in versione cartacea ed e-book kindle

Vincenzo Dell'Aere

The Templars
beyond myth, beyond history
(legends, mysteries, secrets)

Su AMAZON in versione cartacea ed e-book kindle

VINCENZO DELL'AERE

OLTRE IL TURISMO: IL C.I.E. (CURATOR OF IMMERSIVE EXPERIENCES) LA GUIDA TURISTICA DEL FUTURO

Su AMAZON in versione cartacea ed e-book kindle

VINCENZO DELL'AERE

STARS CODE
LE ORIGINI NASCOSTE

Su AMAZON in versione cartacea ed e-book kindle

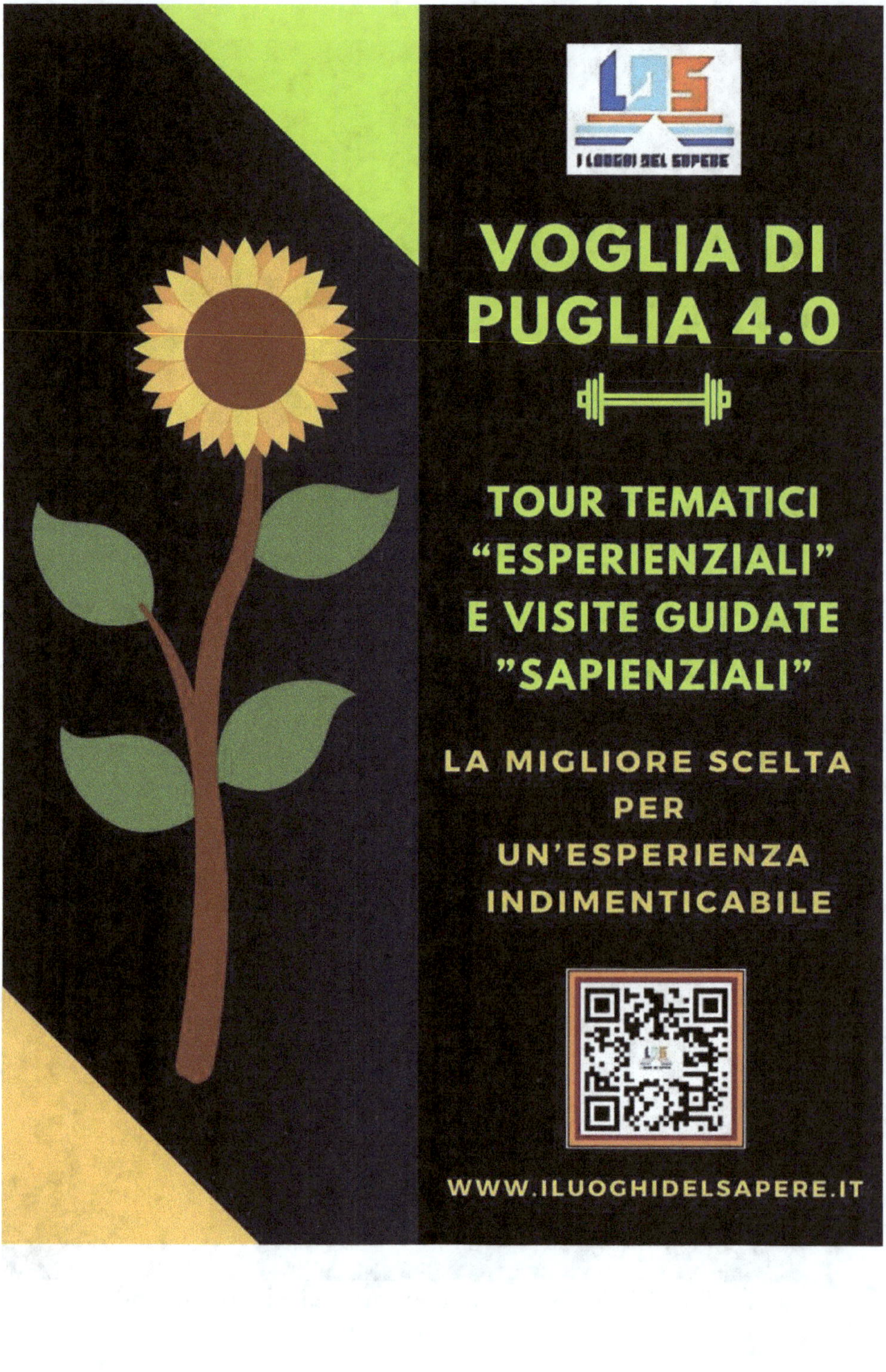

VOGLIA DI PUGLIA 4.0

TOUR TEMATICI "ESPERIENZIALI" E VISITE GUIDATE "SAPIENZIALI"

LA MIGLIORE SCELTA PER UN'ESPERIENZA INDIMENTICABILE

WWW.ILUOGHIDELSAPERE.IT

www.ingramcontent.com/pod-product-compliance
Lightning Source LLC
Chambersburg PA
CBHW071448220526
45472CB00003B/714